Homesteading
en su patio trasero

La guía definitiva sobre homesteading para cultivar su propia comida, criar pollos y construir una mini granja que le lleve a ser autosuficiente y a generar ingresos

Índice

Introducción

Homesteading en su patio trasero introduce los principios del *homesteading*, un estilo de vida que busca la autosuficiencia al aprovechar los recursos naturales de forma sostenible, e incluye métodos prácticos que los principiantes podrán utilizar de inmediato. En esta completa guía se explicarán las excelentes razones para dedicarse al *homesteading*, cómo comenzar, para cuáles desafíos se debe planificar y mucho más.

No pierda la oportunidad de aprender sobre el *homesteading* de una manera práctica y fácil de entender. Estos métodos son infalibles y han sido utilizados por hogares que operan de manera autosuficiente durante décadas o incluso siglos. Ahora muchas personas recuerdan que hace solo unas pocas generaciones la mayoría de los hogares dependían de su propio huerto, criaban pollos y se comprometían con su comunidad. Esta autosuficiencia se está convirtiendo de nuevo en una situación más normal. No importa si usted tiene un pequeño patio trasero o hectáreas de propiedad, puede empezar con lo básico y aprender a planear y desarrollar su granja autosuficiente mientras perfecciona sus habilidades aún más.

Siga leyendo para descubrir cómo puede implementar técnicas modernas para dominar los antiguos métodos de cultivo de la tierra y para llevar un estilo de vida que se ajuste a sus valores.

Capítulo 1: Razones para incursionar en el mundo del homesteading

No importa si usted siempre ha estado interesado en la horticultura o si los cambios en la economía y la seguridad personal han hecho que considere tener un estilo de vida autosuficiente. Cualquiera puede tener una granja autosuficiente si se cuenta con una propiedad pequeña y un poco de paciencia. Si bien es cierto que se necesitan algunas cosas para empezar, lo más importante es definir la razón por la que quiere hacerlo. Con un buen motivo, usted puede cambiar drásticamente su vida cotidiana.

Puede que una o más de estas razones hayan despertado su interés en el *homesteading*. Explorar las razones por las que está interesado en tener un estilo de vida autosuficiente puede ayudarle a establecer sus objetivos y planes antes de empezar.

Mejorar su salud

Es bien sabido que comer frutas y verduras orgánicas es lo mejor para la salud. Gracias a esta creencia, la mayoría de las personas llegan a la conclusión de que cultivar sus propias frutas y verduras sería una mejor opción que comprar en las tiendas. Hay algo de verdad en que las frutas y verduras cultivadas en casa tienen más beneficios para la salud, mejor densidad nutricional y menos aditivos. Sin embargo, es importante adoptar un enfoque racional o científico cuando se habla de la relación entre la agricultura y la salud.

Veamos algunos datos breves que pueden ayudarle a determinar si esta es la razón correcta para que incursione en el mundo del *homesteading*:

• Los alimentos cultivados en casa tienen más nutrientes debido a que las verduras y las frutas comienzan a perder valor nutritivo luego de las 24 horas de su cosecha, por lo tanto, un alimento más fresco significa más beneficios nutricionales.

• No hay modificación genética, aunque en la actualidad no hay pruebas concluyentes de que los organismos genéticamente modificados (OGM) sean perjudiciales. Sin embargo, no son naturales y es probable que no sean beneficiosos.

• No se utilizan pesticidas, ceras u otros productos químicos dañinos. Usted tiene el control para evitar que sus alimentos tengan aditivos no deseados.

Junto con las frutas y verduras cultivadas en casa, también puede tomar decisiones más saludables a través de la cría de pollos, cabras y ganado. En esencia, lo que está haciendo con respecto a su salud es tomar el control de los procesos aplicados a la comida antes de que llegue a su mesa. No tiene que preocuparse por los pesticidas pues usted elige cuáles usar en su jardín. Muchos agricultores autosuficientes usan solo remedios naturales como el vinagre o los llamados "amigos del jardín", es decir, hierbas específicas que pueden ahuyentar a las plagas. Este nivel de control puede permitirle tener un estilo de vida mucho más saludable.

Por ejemplo, ¿sabía que hay al menos veintiuna frutas y verduras comunes, incluyendo los aguacates y las manzanas, que son tratadas con cera antes de llegar a los supermercados? Cuando se trata de la salud, no hace falta decir que lo orgánico es mejor. La cosecha propia también es mejor, siempre y cuando se tomen medidas para asegurar que la salud y la seguridad son su prioridad.

La experiencia educativa

¿Cuánto sabe sobre la comida que compra? ¿Conoce el ciclo de vida de una planta? ¿Y el período de incubación de los huevos de gallina?

La agricultura autosuficiente lo lleva a hacerse preguntas que nunca antes se le cruzarían por la mente. Le hace pensar en el crecimiento y el desarrollo como un ciclo en lugar de un viaje con un destino. Muchas personas que se dedican al *homesteading* mencionan que el desafío o la experiencia educativa que conlleva es una buena razón para empezar. Muchos otros afirman que empezaron a cultivar en casa porque tenían hijos y querían enseñarles el valor de cosechar sus propios alimentos y ser autosuficientes.

Si usted no está seguro de incluir la experiencia educativa como parte de su plan de metas, considere las brechas educativas que se presentarán cuando comience a cultivar en casa. Ya sea que quiera que la educación sea parte de su experiencia o no, será algo necesario para tener un huerto y rotaciones de cultivos exitosos. La mayoría de nuestras habilidades básicas de supervivencia y de vida se han perdido debido al desarrollo masivo de nuestra cadena de suministro de productos alimenticios. En cuanto a la economía, ha creado toneladas de empleos y ha ayudado a construir un elemento estable en nuestra sociedad cotidiana. Pero cuando se trata del desarrollo personal, es evidente que la mayoría de nosotros carece de las habilidades necesarias para vivir de forma independiente.

La conexión con la comida

Es fácil pasar por el autoservicio de un Burger King o pedir en KFC y olvidar que la hamburguesa alguna tuvo una vez una cara. Ahora, comer carne no es terriblemente malo. Sin embargo, es importante entender de dónde viene su comida y qué papel juega en su vida. Muchos de los que incluyen pollos, vacas lecheras o cabras en su plan de *homesteading* descubren que se conectan con los animales. Esto puede hacer que lidiar con la pérdida de un animal, o incluso su consumo, sea difícil de manejar en ciertos momentos. Esa conexión más profunda con la comida no solo puede hacer que aprecie más las contribuciones que estos animales hacen en nuestra vida diaria, sino también el papel que tiene el desperdicio de alimentos en la sociedad. Las personas que quieren conectarse mejor con los alimentos también pueden aspirar a llevar vidas sin desechos o a manejar mejor su conexión con la Tierra y la vida que nos rodea.

El *homesteading* puede cambiar drásticamente la forma de ver la comida y las fuentes de alimentos, tanto de forma financiera como emocional. Este es un aspecto que lleva a muy pocas personas a tomar la decisión de cultivar en casa. Y es probable que la mayoría de las personas de este grupo sean vegetarianas o veganos, ya que nuestros estilos de vida modernos nos han desconectado de la correlación entre los animales y la carne.

No importa la dieta que usted elija, tener una conexión más profunda con su comida puede cambiar esa relación exponencialmente. Si antes daba por sentado que los estantes del supermercado estaban repletos, de repente empezará a ver el ciclo de vida y la planificación que conlleva criar pollos o gestionar la rotación de cultivos. Incluso si esta no es la razón principal para iniciarse en el *homesteading*, es probable que sea un subproducto de esta experiencia.

Una mejor experiencia gastronómica casera

Comer en casa es algo que todos podemos disfrutar. Es muy probable que usted y la mayoría de la gente que conoce pueda cocinar mejor comida que la que normalmente consume cuando salen a cenar. Cuando se fija en las cadenas de restaurantes más frecuentadas, incluyendo aquellas que se dedican a las carnes y los postres, la mayoría de los platos del menú no son hechos dentro del local. Más bien se preparan en una fábrica, se empaquetan y luego generalmente se cocinan al vapor en una bolsa o se fríen en el lugar.

Pero dicho esto, ¿cómo una granja autosuficiente puede mejorar la comida casera? Tres factores principales pueden afectar sus experiencias gastronómicas en casa.

Primero, cuando los tomates, los huevos, las hierbas y el resto de los alimentos están frescos siempre saben mejor. La comida cultivada en casa siempre sabe mejor. Honestamente, podría decirse que es algo totalmente psicológico si no fuera por los químicos y tratamientos por los que pasa la comida de los supermercados. Ya hemos hablado de por qué la comida cultivada en casa es mejor, pero cuando se trata de preparar y comer comida, está el asunto de la frescura. Incluso si usted compra en supermercados de gama alta o de comida orgánica, los productos agrícolas pasan horas o incluso días en camiones que viajan al aire libre y bajo el sol; la comida simplemente no puede mantenerse fresca en esas condiciones. Cuando se trata de cultivar en casa, la comida va de la vid o la planta directo a su cocina o refrigerador. ¡No puede conseguir nada más fresco que eso!

Segundo, usted tiene un mayor control sobre los posibles contaminantes y el manejo de los ingredientes. El *homesteading* puede abrirle los ojos. Una agricultora autosuficiente explicó que empezó a dedicarse a ello después de saber que cerca del 95% de los productos del supermercado contenían maíz o subproductos del maíz. Ahora bien, en el caso de algunos productos como la mezcla de pan de maíz era comprensible, pero en otras cosas como los bocadillos de frutas, no lo era. Lo que es problemático con revelaciones como esta es que la mayoría de los alimentos en nuestros supermercados no son tan densos en nutrientes como deberían por la presencia de subproductos del maíz. Fue una de las cosas que le hizo cambiar de opinión acerca de comprar en las tiendas y ha ayudado a otros a ver las múltiples ventajas de este tipo de agricultura. Para muchos, datos como este son el primer paso de la experiencia educativa que viene con la decisión de dedicarse al *homesteading*.

Por último, tenemos un elemento psicológico. Es más probable que tenga más cuidado al preparar sus ingredientes cuando es usted quien trabaja duro para cultivar esas verduras u ordeñar esa vaca. Si se dedicó a nutrir esos pequeños tomates desde que eran brotes hasta convertirse en esferas sustanciosas maduradas por el sol, seguramente se va a molestar mucho más si la salsa no sale bien. Así que la solución natural es manejar bien los ingredientes y desarrollar habilidades culinarias.

Independencia de la cadena corporativa de suministro de productos

Hay muchos efectos sociales y económicos que experimentamos cada día debido a la cadena corporativa de suministro de productos, mejor conocida como el sistema alimentario estadounidense. Ahora bien, esto no se trata exclusivamente de vivir fuera del radar o "luchar contra el sistema". La agricultura autosuficiente puede ser beneficiosa para la economía local y fortalecer su papel y el de su vecino en la seguridad y estabilidad de la nación.

El sistema alimentario estadounidense se ha convertido en una serie de torneos donde los productores en masa compiten por espacio en los supermercados más populares de toda la nación. Es una imagen drásticamente diferente de lo que sucedía hace unas décadas, donde los agricultores contribuían a los supermercados locales o regionales. Hoy en día es extremadamente difícil para los agricultores locales competir con los principales productores agrícolas, aunque hoy en día está aumentando el nivel de concientización sobre el papel los pequeños agricultores y la necesidad de comprar localmente.

Depender de un sistema que alimenta a los supermercados principales perpetúa las dificultades que experimentan los agricultores y las economías locales. La libertad de esta estructura puede permitirle comer productos de temporada y manejar mejor o simplificar su vida en lo que se refiere a la comida. ¿Cuándo fue la última vez que vio algo más que las verduras generales en su tienda? Sería difícil encontrar ruibarbo en la mayoría de los supermercados comunes, incluso cuando esté en temporada.

Seguridad ante las compras nerviosas y situaciones económicas riesgosas

En tiempos de crisis, la gente acude de forma apresurada a los supermercados. La breve historia de las compras nerviosas incluye los 13 días previos a la crisis de los misiles en Cuba, las crisis del petróleo de 1973 y 1979, el efecto 2000 (Y2K), la recesión económica de 2008 y, por supuesto, el COVID-19 del 2020. Esos son seis casos importantes de compras nerviosas en menos de 60 años. Estos ejemplos se limitan a las compras por pánico de estilo de supervivencia, lo que significa que no incluimos las compras nerviosas cuando salió la nueva Coca-Cola o el resurgimiento de las compras por pánico de la *Crystal Pepsi*. Luego está la compra excesiva de cereales y dulces como los malvaviscos *Peeps* o los cereales *Frankenberry* y *Count Chocula*, y otros artículos de edición limitada.

Aparte de las compras por pánico, existen las situaciones económicas riesgosas. Hay momentos en los que la agricultura o las industrias de servicios de alimentos se ven comprometidas por eventos que no afectan en gran medida a otras industrias. Por ejemplo, el brote de la enfermedad de las vacas locas en 2003 hizo que los precios de la carne de vacuno se dispararan en varios países, aunque el Reino Unido fue el más afectado. Incluso impactó económicamente a países que en realidad no tenían casos de la enfermedad de las vacas locas. La industria agrícola no tiene que experimentar de nuevo el efecto a gran escala de las tormentas de polvo del *Dust Bowl* que tuvo lugar durante la Gran Depresión para que surja un problema económico. Una mala rotación de cultivos en Estados Unidos, especialmente un cultivo de maíz, puede llevar a extensos problemas, sobre todo en los supermercados. Puede que la gente no pierda sus trabajos o salga a comprar toneladas de papel higiénico a la vez, pero se enfrentarían a un aumento extremo de los precios debido a la escasez de los principales alimentos básicos de nuestra dieta.

Con una granja autosuficiente, no tiene que preocuparse por eso. Si cría y sacrifica su propio ganado o pollos, los cambios en el precio de la carne ya no serán un problema. En cambio, usted estaría más preocupado por la disponibilidad de la alfalfa. No tiene que preocuparse tanto por las compras nerviosas cuando sabe que la mayoría de los suministros de su casa provienen de materiales que usted mismo cultiva. Es posible utilizar ingredientes naturales cultivados en casa para crear una gran variedad de otros productos domésticos, incluyendo limpiadores, productos para el cuidado de la piel y el cuerpo y más. Muchas personas recurren al *homesteading* después de haber tenido una experiencia traumática con las compras por pánico. Las compras nerviosas llevan a una escasez real, lo que tiene un serio impacto en aquellas personas que se quedaron en casa y no salieron a hacer compras por pánico. Los únicos que no se ven afectados por las compras por pánico son las personas que cultivan sus propios alimentos.

Entienda las razones por las que se dedica al *homesteading*

Las razones personales que tenga para dedicarse al *homesteading* son probablemente buenas razones, aun si no están en la lista anterior. Lo que debe tener en cuenta cuando comience a planificar es la forma en que planteará sus objetivos, incluso cuando solo piense en la posibilidad de dedicarse a esto. El *homesteading*, especialmente el *homesteading* en el patio de su casa, requiere una fórmula muy específica para que sea exitoso. Se compone de dos partes de planificación, una parte de trabajo duro y una parte de mantenimiento constante. Los motivos que usted tenga dirigirán sus metas y lo pondrán en el camino para hacer un plan que le permitirá alcanzar esos objetivos. Por ello, es fundamental que entienda claramente las razones por las que quiere dedicarse al *homesteading*. Cuando la gente expresa que quiere tener este estilo de vida, enumeran algunas razones que en realidad son los frutos o el resultado del *homesteading*. Es como decir "quiero abrir una empresa para ganar dinero". Usted no tiene que ser dueño de un negocio para ganar dinero, así como tampoco tiene que tener una granja autosuficiente para simplificar su vida o controlar mejor sus elecciones dietéticas. Sin embargo, esos son grandes beneficios que vienen con el cultivo de su propia comida o la cría de sus propios pollos. Analicemos por qué la simplificación y el control de la dieta no son razones para dedicarse al *homesteading*, sino beneficios naturales.

Simplificar su vida no es algo inmediato que experimentará a través del *homesteading*. De hecho, complicará en gran medida su vida durante el primer año. Usted se preocupará por la salud de las plantas, las rotaciones del terreno, los métodos de plantación y la siembra. Añadirá numerosas tareas diarias a su horario como regar las plantas, alimentar a los pollos, recoger los huevos, quitar la maleza de las macetas o abrevaderos y más. Después de su primer año, cuando tenga un horario y sepa lo que funciona, probablemente tendrá una vida mucho más sencilla. No se preocupará por lo que hay que comprar en el supermercado, al menos en lo que respecta a las verduras. No tendrá que preocuparse tanto por la planificación del menú, o por cenar fuera tan a menudo, y ciertamente no tendrá que preocuparse tanto por su presupuesto. Si pensó que simplificar su vida era su razón para dedicarse al *homesteading*, podría considerar priorizar alguna de las razones anteriores para ayudarse a manejar sus objetivos y planificación.

Tener un mejor control de su dieta es otro beneficio directo del *homesteading*, pero si busca usar esto como la razón para incursionar en este mundo, podría reconsiderarlo y hacer que tener una mejor salud sea su razón o meta principal. A menudo, cuando las personas se unen al *homesteading* para limitar o restringir su dieta, se dan por vencidos o son demasiado restrictivos. Lo que usted decida plantar dictará lo que coma, y si solo planta vegetales para restringir su dieta, podría terminar creando demasiadas limitaciones que no son sostenibles para su salud. No importa cuál sea la razón para incursionar en el mundo del *homesteading*, la sostenibilidad es la base de una granja autosuficiente exitosa y una dieta saludable.

Si usted solo cultiva calabacines y tomates, no será sostenible. La diversidad, la nutrición y la estación del año tendrán un gran impacto en la planificación de su granja autosuficiente, y si controlar su dieta es la razón principal, es posible que tenga que replantearse la forma en que ve su propia dieta para alcanzar los objetivos relacionados con la salud, el bienestar, la producción casera de cultivos y, posiblemente, la cría de animales.

La razón que tenga para dedicarse al *homesteading* será muy significativa para usted y determinará la forma en que abordará el plan y la ejecución de la creación de una granja autosuficiente. En los capítulos siguientes, verá cómo las razones que usted tiene para dedicarse al *homesteading* formarán parte de la construcción de la auto-sostenibilidad, el diseño de su mini granja, la construcción de gallineros, la preparación de su cocina, y mucho más. Cuando están al inicio del camino, muy pocas personas comprenden por completo la repercusión que tiene el *homesteading* en los acontecimientos del día a día, pues se trata una experiencia de aprendizaje continuo, incluso para aquellos que se han dedicado a esto durante años. Tome la razón que eligió y conviértala en un estilo de vida para que tenga éxito en el *homesteading.*

Capítulo 2: Los 6 aspectos principales a considerar cuando se planifica una granja autosuficiente

Cuando se trabaja en la construcción de una granja autosuficiente, es necesario dividir un proyecto de tal magnitud en tareas más pequeñas que sean manejables. La planificación puede cambiar drásticamente el nivel de éxito de su proyecto y es algo que debe hacerse antes de comprar las primeras semillas. No solo aprenderá a planificar cada sección de su granja, sino que también desarrollará habilidades de planificación que necesitará para manejarla, compartir sus experiencias y conectarse con más personas a través de la comunidad de *homesteading*.

Entonces, ¿por dónde debería empezar? Deberá decidir qué aspectos del *homesteading* quiere integrar a su estilo de vida, y luego, determinar el resto de los elementos que vendrán de forma natural con esas elecciones.

Elija a cuáles de las siguientes tareas quiere dedicarse:

- Cultivar vegetales y tubérculos
- Cultivar hierbas
- Plantar árboles frutales
- Criar pollos
- Criar pollos con múltiples propósitos
- Criar cabras para el mantenimiento del terreno y para ordeñarlas
- Criar ganado lechero
- Criar ganado por su carne
- Conservar los alimentos a través los procesos de enlatado, deshidratación, congelación o en una bodega de raíces
- Hacer sus propios productos como mermeladas, conservas y productos lácteos

A medida que vaya considerando cada una de estas actividades, pregúntese lo siguiente:

- ¿Tengo suficiente espacio disponible?
- ¿El clima donde me encuentro es apropiado?
- ¿Qué equipo o mobiliario necesitaré?

Una vez que haya contestado estas preguntas, usted debe saber que eso no significa tener la respuesta definitiva acerca de si puede o no puede dedicarse al *homesteading*. Prácticamente cualquier persona puede hacer su hogar más sustentable a través del cultivo de alimentos y el reciclaje. Sin embargo, el significado de *homesteading* puede cambiar drásticamente dependiendo de la persona. Utilice esta lista para establecer sus prioridades y comprender sus limitaciones actuales.

Para ayudarlo a explorar sus posibilidades y limitaciones potenciales, dividiremos el proceso de planificación en cuatro partes.

1. El uso de la tierra
2. Las necesidades y límites de la casa
3. Las restricciones de ubicación
4. Las habilidades y destrezas

El uso de la tierra

Recuerde que la idea de dedicarse al *homesteading* es lograr vivir de forma autosuficiente. Para ello, solo se necesita cultivar la tierra de una manera que sustente su estilo de vida y le permita tener una dieta saludable. Por ejemplo, si usted no es la clase de persona a la que le gustan las frutas que crecen en los árboles, entonces concéntrese en cultivas bayas y uvas pasas. Además, una cosa ayudará a alimentar a la otra. En el huerto puede cultivar vegetales para alimentar a los pollos y las cabras y, al mismo tiempo, las cabras (con algo de rotación) ayudarán a mantener la tierra en buenas condiciones y a crear abono, además de producir leche. Una granja autosuficiente es el lugar donde nada se desperdicia. ¿Y qué sucede cuando hay algo que realmente no se puede utilizar y se convierte en desecho? Pues va a la pila de abono que ayuda crear un mejor suelo para el próximo año.

Considere cómo respondió a las preguntas anteriores y cuán importante es cada factor para usted en lo que respecta al *homesteading*. Si usted no tiene acceso a ciertos recursos, entonces puede que necesite cambiar la prioridad de algunos objetivos temporalmente.

Las necesidades y límites de la casa

¿Qué tan autosuficiente puede ser su hogar? Con una mente abierta, un toque de creatividad y algo de ingenio, puede ser capaz de restringir o incluso eliminar sus hábitos de compra habituales. Por supuesto, ¡nadie lo juzgará por hacer alguna compra de vez en cuando! Pero, ¡imagine si pudiera cultivar todas las verduras que consume en su patio trasero, con lo que posiblemente tendría una oferta mucho más diversa de la que puede encontrar en el supermercado! Puede tener todos los huevos que necesite para el año si tuviera solo unas pocas gallinas. Con una cabra o una vaca, puede tener un flujo regular de leche. Cuando se expanda e incluya conejos, tendrá acceso a una de las variedades de carne más caras, pero sin las etiquetas con precios altos.

"La felicidad pertenece a los autosuficientes". –Aristóteles

Así que, ahora que sabe que su hogar podría ser casi completamente autosuficiente, incluso hasta el punto de crear sus propios productos de limpieza y cuidado de la piel, se debe abordar el asunto del espacio y el almacenamiento.

¿Dónde y cómo almacenará o guardará sus productos? Algunos artículos pueden durar años en una repisa, como los melocotones en almíbar. Los melocotones son un producto que puede conservarse durante mucho tiempo si se envasan correctamente. Sin embargo, el árbol no dejará de producir más melocotones, así que, ¿qué hará con ellos? Como las plantas producen a su propio ritmo, usted también puede optar por:

● Comer al ritmo de la producción de la planta (una tarea difícil a menos que tenga una familia numerosa).

● Hacer encurtidos, enlatados, guardar en frascos o almacenar en un ambiente controlado.

● Vender o compartir el exceso de producción.

Parte de dedicarse al *homesteading* radica en aprender cómo se hacían las cosas no hace mucho tiempo. Tener una bodega de raíces o pasar los domingos encurtiendo huevos puede parecer arcaico, pero honestamente, estos son métodos probados e infalibles para la preservación de los cultivos. ¿Pero qué pasa si realmente usted se queda sin espacio para almacenar todo de forma adecuada? Que algo pueda ser envasado o enlatado no significa que se tenga la capacidad para seguir almacenando la nueva afluencia de productos durante semanas o meses.

La buena noticia es que siempre se puede compartir la riqueza, porque en la mayoría de los hogares con una granja autosuficiente, siempre hay un exceso constante. Si usted realmente se queda sin espacio para almacenar su cosecha, cualquier parte de ella, entonces compártala. Venda artículos frescos en un mercado local de granjeros o regale productos a sus vecinos y amigos. Esta es una gran manera de ser más amigable con los vecinos. Además, regalar una docena de huevos puede hacer que lo perdonen luego de una pelea por el ruido que hacen sus gallinas.

Ya hemos cubierto cómo se puede ser completamente autosuficiente y que existen otras opciones si se encuentra con limitaciones de espacio de almacenamiento. Pero, ¿qué hay del acceso a equipos y suministros o incluso a los medios financieros para empezar? Mucha se limita a decir "no puedo", pero no analizan la situación lo suficiente como para idear soluciones creativas. Sí, puede que necesite palés, madera, sierras (que son costosas), semillas (que también pueden llegar a ser caras) y ayuda de otras personas con el trabajo manual. Sin embargo, existen soluciones excelentes para todos estos desafíos. Si usted está teniendo problemas para superar estos obstáculos, aquí compartimos algunas soluciones creativas y menos costosas:

- Los palés son una excelente fuente de madera y a menudo se pueden comprar en los patios de carga de camiones por menos de 3 dólares por palé.
- Empiece con cultivos más baratos. Usted no necesita comenzar con una variedad rara de pepino, ¡solo necesita pepinos!
- Alquile el equipo en las ferreterías
- Pida prestadas las herramientas a amigos o familiares (y si quiere, ¡llámelos para que lo ayuden!)

El *homesteading* es complicado, y una de las cosas más difíciles para las personas es acostumbrarse a sustituir los "no puedo" por "lo resolveré". Sin embargo, se trata de un cambio de mentalidad muy poderoso. Nada puede detenerlo excepto las limitaciones de espacio, y cuando llegue a esas limitaciones, puede compartir o vender sus productos hasta que vuelva a estabilizar su rotación de cultivos y tenga espacio de nuevo.

Las restricciones financieras y de ubicación

o participar en un huerto de la comunidad local en el que también puede cultivar y aprovechar los beneficios. Finalmente, podría explorar las opciones que tenga para pedir préstamos o subvenciones que ayudan a las granjas y haciendas pequeñas a comenzar. Puede encontrar más información sobre opciones de financiamiento en el capítulo 9.

También hay reglamentos de zonificación de animales que se aplican tanto a los propietarios como a los inquilinos. Estas regulaciones varían según el municipio y a menudo no tienen nada que ver con los niveles de ruido, sino con el espacio y la crianza humanitaria de los animales. En líneas generales, aunque en su área puede variar, suele haber un límite de dos vacas, cuatro ovejas o cabras, o dos cerdos en una propiedad de 2.000 m². Estas directrices suelen redactarse usando "o" en lugar de "y", lo que significa que se pueden tener dos vacas o dos cerdos, pero no ambos. También hay restricciones sobre el volumen total de animales, y restricciones específicas sobre cuántos pollos, perros e incluso gatos o conejos se pueden tener. Puede encontrar las regulaciones locales buscando en internet "regulaciones de zonificación de animales + (nombre de su condado)" o puede visitar la oficina del ente encargado de las regulaciones en su condado o ciudad.

Estos desafíos nos recuerdan que la planificación y la priorización pueden ayudarnos a superar muchos obstáculos. Pero con la ubicación y los obstáculos financieros, puede que haya algunas cosas que usted tenga que aceptar. Si su ciudad restringe los niveles de ruido y no permite pollos residenciales, entonces no podrá tener pollos en su residencia actual. Las regulaciones de la zonificación de los animales puede ser una dificultad. Aquí hay algunas opciones creativas para superar o solucionar los obstáculos comunes relacionados con la ubicación y las limitaciones financieras:

- Segmente su granja autosuficiente de manera que se ajuste a su presupuesto. Por ejemplo, construya un gallinero con sus ahorros en enero. Luego, en abril, construya el huerto cuando haga la declaración de impuestos. En mayo, compre las semillas; en julio, compre los árboles frutales; y en septiembre, instale el corral para las cabras.

- Hay recursos para conseguir financiamiento (subvenciones y préstamos) disponibles a través del gobierno a nivel federal, estatal e incluso a través de las oficinas de su condado o ciudad, dependiendo de dónde se ubique.

- Si no puede construir un huerto en casa, involúcrese con un huerto comunitario o ayude a crear uno cerca de su vecindario.

- Priorice los animales a elegir o utilice una combinación más pequeña para adherirse a la zonificación de los animales. Por ejemplo, tener una cabra, una vaca y cuatro pollos puede ser más factible que tener dos vacas y 10 pollos. Explore diferentes maneras de mantenerse dentro de las regulaciones locales priorizando sus objetivos de *homesteading* a corto y largo plazo.

- Si tiene problemas con el funcionamiento de la electricidad subterránea, consulte con un electricista local para determinar si puede instalar un cableado eléctrico de pared que sea seguro para diversos tipos de clima, los animales o los niños.

Destrezas y habilidades

Queda claro que con un poco de planificación creativa se pueden superar la mayoría de las limitaciones, pero ¿qué pasa con las cosas que no sabemos hacer? Bueno, dedicarse al *homesteading* es un proceso de aprendizaje continuo. Incluso después de haber dirigido una granja autosuficiente durante cinco o incluso diez años, seguiremos aprendiendo cosas nuevas. Sin embargo, durante los primeros tres años, nos enfrentaremos a una curva de aprendizaje pronunciada. Afortunadamente, no ser capaces de aprender algo la primera que lo intentamos, no significa que toda la mini granja fallará.

Puede que usted tenga que aprender a construir cosas con las manos, como maceteros o un gallinero. Usted necesitará aprender a cuidar y mantener las plantas y tal vez algunos animales pequeños. No obstante, además de lo anterior, puede que no se haya dado cuenta de que también debe aprender a planificar los cambios del clima e incluso desarrollar sus habilidades para tomar decisiones. Imagine que una ola de calor atraviesa su ciudad y que sus pobres pollos y conejos no tienen más alivio que el de la sombra natural, una sombra que apenas es de ayuda. ¿Qué hará? ¿Los rociará con agua? ¿Congelará botellas de agua y dejará que se amontonen alrededor para que encuentren sosiego en el dulce frío? Usted irá desarrollando habilidades y destrezas a medida que avance, pero al principio, lo ideal sería aprender sobre las mejores prácticas de horticultura y habilidades básicas de construcción. También puede que quiera perfeccionar sus habilidades de supraciclaje, ya que hace fluir las ideas creativas para el *homesteading*.

¿Cómo establecer metas realistas para su plan de *homesteading*?

Nada es más motivador que tener un objetivo que valga la pena, y cuando se trata del *homesteading*, tiene que pensar tanto a largo como a corto plazo. Sus objetivos le ayudarán a guiarse mientras construye la granja y la desarrolla durante los primeros años. Aquí hay algunos ejemplos de objetivos comunes para aquellos que son nuevos en este mundo. ¡Úselos para ayudarse cuando piense en sus propios objetivos!

Objetivos a largo plazo

● En 10 años o más: comprar un terreno para construir una granja autosuficiente grande

● En 5 años: incluir novillos al rebaño de vacas

● En años: criar conejos por la carne

● En 1 año: criar pollos

Objetivos a corto plazo

● En 1 semana: planificar las rotaciones de cultivos y del huerto de temporada en un calendario

● En 1 mes: construir tres jardineras

● En 2 meses: plantar el primer huerto de temporada

● En 3 meses: obtener todos los materiales necesarios para construir y poner en marcha un gallinero

● En 4 meses: hacer espacio para una vaca lechera

● En 4 meses: comenzar a conservar la primera cosecha

● En 5 meses: comprar una vaca lechera

● En 6 meses: eliminar los huevos de la lista de compras

Priorice los objetivos

Siempre priorice lo que es más importante para usted. Algunas cosas son más fáciles de manejar dependiendo de la época del año, así que considere eso. Pero además de las metas que se propuso, puede crear una lista de habilidades que necesite aprender para ayudarse a establecer sus prioridades. Si tomamos como ejemplo la lista de objetivos a corto plazo mencionada anteriormente, el primer objetivo se trata planificar las cosechas de temporada en un calendario. Eso significa que debe dedicar tiempo a investigar cuáles épocas del año son adecuadas para cultivar ciertas plantas. El segundo objetivo es construir jardineras, así que podría hacer esa investigación al mismo tiempo que planea su calendario porque muchos de los recursos pueden ser similares.

Cuando planee la construcción de su granja autosuficiente, puede parecer que cada gran hito está a semanas o meses de distancia. Pero si tiene un mapa de su patio y planea la distribución, puede empezar a buscar cosas para hacer ahora mismo. Puede preparar el patio, comprar la madera o familiarizarse con la circulación del aire y la proporción de sol y sombra de su propiedad. En una granja autosuficiente siempre habrá algo que hacer y usted puede empezar ahora mismo siempre que tenga un plan básico.

Capítulo 3: Planee la construcción de su mini granja

Cuando planifique la construcción de su granja autosuficiente, usted se convertirá rápidamente en un maestro de la gestión de proyectos, un experto en fijar objetivos y un hábil localizador de recursos. Posiblemente la parte más difícil de desarrollar una granja autosuficiente es la planificación inicial. Como Brett Brian dijo, "la agricultura es una profesión de esperanza", y toda la planificación que usted realizará en esta fase es para sembrar las semillas de la esperanza.

Establezca metas realistas en el plan

A medida que se planifica, no hay que olvidar que se deben fijar objetivos realistas. Esto no implica bajar sus expectativas, simplemente significa que sus objetivos deben ser razonables. Trabajar en el campo de la agricultura y la ganadería supone depender en gran medida de las leyes naturales y de la madre naturaleza. Si usted planta semillas hoy, ciertamente no podrá comer tomates mañana. Establecer metas realistas significa incluir el período de tiempo promedio requerido para cualquier actividad o proceso dado y asegurar que la meta sea medible. Aquí hay dos ejemplos de un buen objetivo y un objetivo menos realista:

Objetivo poco realista: Hacer maceteros y plantar semillas.

Objetivo realista: Comprar los materiales y hacer maceteros este fin de semana y establecer sistemas de abono y riego para comenzar la siembra el próximo fin de semana.

Hay dos diferencias principales entre ambos objetivos. A diferencia del primero, el segundo objetivo da un plazo de tiempo a ambos pasos y enumera las tareas necesarias que deben hacerse para lograrlo. Para hacer su planificación, puede usar el sistema de objetivos escalonado (un grupo de metas pequeñas con indicadores de avance), el sistema de objetivos "SMART" (objetivos específicos, medibles, alcanzables, realistas y con plazos temporales) o cualquier otra opción que se adapte a su personalidad; solo asegúrese de que todo tiene un plazo de tiempo o una fecha límite y que entiende todas las tareas necesarias para completar ese objetivo.

¿Qué sucede si usted no tiene un plan?

Todo será un desastre, un absoluto y total desastre. Mientras que hay muchas cosas en la vida que usted puede simplemente dejar fluir o para las que puede solo seguir la corriente, la agricultura no es una de ellas. Debe planear cada paso para la estación en la que esté y para la próxima. Debe planear cómo almacenará su cosecha en los meses venideros y lo que puede hacer para mejorar la eficiencia en las tareas diarias. Si deja que los árboles le impidan ver el bosque, estará perdido.

Imagine que hoy saliera a comprar pollos, pero no tuviera un gallinero. Los pollos tienen muchos depredadores naturales y los pollitos son diminutos. Un halcón podría venir fácilmente y arrasar con su nuevo rebaño o un coyote podría conseguirlos durante la noche. O imagine que hoy compra una jardinera con abrevadero y le echa unas semillas comunes, pero luego se da cuenta de que se acercan sus vacaciones de dos semanas y no hizo planes para que nadie cuide las plántulas.

Afortunadamente, es posible planearlo todo tomando en cuenta cualquier evento. Se puede planear tomando en cuenta las vacaciones, los eventos de fin de semana, el tiempo que se pasa en el trabajo o los cambios clima con las estaciones. Sin embargo, habrá momentos en los que, por desgracia, la planificación no funcionará. Las cosas cambian, lo inesperado sucede. Pero aun así, siempre es mejor tener un plan y adaptarse más tarde que no tener ningún plan.

"No prepararse es prepararse para fracasar". –Benjamin Franklin.

Consideraciones rápidas para planear la distribución de la granja

En el capítulo dos explicamos muchos elementos que deben considerarse cuidadosamente antes de empezar la planificación. No los repetiremos todos de nuevo, sino que le dejaremos una breve selección que podrá revisar rápidamente durante el resto de este capítulo:

- El acceso al agua
- La exposición al sol y el alcance de la sombra
- Algún desnivel en el terreno (¿necesitará nivelar o aplanar el terreno?)
- Los árboles y las estructuras existentes que no pueden moverse

Diseñe el mapa de la distribución de su mini granja

Todo el mundo tiene restricciones cuando se trata del terreno, incluso si usted tuviera hectáreas y hectáreas de propiedad. Sin embargo, las limitaciones de espacio no significan que usted no pueda tener una granja autosuficiente. De hecho, muchas personas logran tener una en menos media hectárea o incluso solo en menos de 1.000 m^2 de terreno. Si su patio trasero es solo un pequeño cuadrado, aún tiene muchas oportunidades para construir su granja.

Para empezar a planear cómo usará su terreno, siga estos pasos:

1. Mida el espacio en su patio y empiece a crear un mapa.

2. Marque la distancia a la que se encuentran los tomacorrientes y anote dónde puede usar cables de extensión para algunas ocasiones.

3. Marque en su mapa cualquier estructura grande, ya existente (centros de juego, glorietas o kioscos, cobertizos, etc.).

4. Marque en su mapa donde ya tiene acceso al agua.

5. Si tiene un patio con cemento, marque dónde termina el cemento y dónde comienza el patio.

Considere entonces cuánto espacio le dará a cada aspecto de su granja. Piense en cómo respondió a las preguntas anteriores y eche un vistazo al mapa. Luego usa algunas estructuras que tengan un tamaño aproximado al necesario para ayudarlo a planear el espacio.

El tamaño promedio de algunas estructuras que debe tener en cuenta

● Jardineras con abrevadero: generalmente miden 1,2m x 2,4m o 1,2m x 3,6m. Las jardineras con abrevadero también pueden tener múltiples niveles, ¡así que aprovéchelos para ahorrar espacio! Aunque pueden necesitar mucho sol.

● Gallineros: la mayoría mide 1,2m x1,2m o 1,2m x 2,4m con un corral de aproximadamente 1,2m x 2,4m (para hasta 10 pollos). Requieren sol y sombra.

● Corrales y pastizales para cabras: se puede optar por un corral nocturno con techo que mide aproximadamente 1,2m x 2,4m o un corral completo de 3m x 1,8m. Esto es así porque las cabras ocupan mucho espacio y requieren sol y sombra.

● Pastizales para las vacas lecheras: 4,5 m^2 por vaca.

● Árboles frutales: cada árbol necesita unos 6m x 6m aproximadamente.

● Arbustos de bayas: plántelos dejando entre 60 cm y 75 cm entre ellos.

● Las dimensiones de otros elementos como los cultivos de alfalfa, maíz y las pilas de abono se pueden ajustar según sus necesidades.

Cuando haga el mapa, sepa que no necesita tener mucho espacio en el patio trasero a menos que tenga hijos, e incluso si es así, a los niños les encanta jugar alrededor de los animales, de los árboles y del huerto. También puede reservar algo de espacio para un área con césped, un lugar con asientos o una zona de juegos, pero que no quede duda de que es posible tener una granja autosuficiente en menos de 1.000 m^2. El beneficio de tener jardineras con abrevaderos y diseños de cercas flexibles es que puede mover algunas cosas según sea necesario. Ahora, los cultivos, el gallinero, los árboles y los arbustos no se mueven tan fácilmente, por lo que debe asegurarse de que cuando haga la planificación inicial, ponga todo en un área que satisfaga todas sus necesidades para que no tenga que mover las cosas constantemente. Siempre es más sencillo planificar en exceso y hacer las cosas bien a verse obligado a mover un gallinero tres meses después cuando se dé cuenta de que no tiene sombra natural durante el día. Sin embargo, algunas de las necesidades y limitaciones de su hogar también pueden afectar el uso de la tierra. Por ejemplo, si necesita pollos, entonces deberá dedicar una buena cantidad de espacio a un gallinero y un corral. Además, si no dispone de los medios para conservar todos sus productos, podría reducir los objetivos del primer año para asegurarse de que no tendrá un exceso de producción, de lácteos y de huevos no utilizados.

Diseños de muestra para una granja autosuficiente en su patio

A medida que vaya haciendo los planos, tenga en cuenta que puede nivelar el terreno o quitar y añadir árboles o toldos para dar sombra. Si se da cuenta de que algo podría no funcionar, puede hacer nuevos planos.

Granjas autosuficientes de 0.10 hectáreas o 1.000 m²

En 1.000m² se puede tener un pequeño huerto de hierbas tan cerca de la puerta trasera como sea posible, y si hay espacio al lado, se pueden plantar dos o tres arbustos de bayas. Por lo general no son grandes y solo necesitan sol parcial y sombra parcial. Entonces, dentro del patio, debería tener lugar para tres maceteros o tres tramos de jardineras de 1,2m x 1,2m; 1,2m x 1,8m; o 1,2m x 2,4m. También debería tener espacio para dos árboles frutales, un pastizal para cabras o un pastizal para una sola vaca. Finalmente, también debería tener suficiente espacio para un gallinero de 1,2m x 1,2m con 1,2m adicionales para un corral de pollos.

Ese tipo de montaje debería dejar suficiente espacio libre para que sus hijos jueguen afuera o para tener un buen lugar donde sentarse. Sin embargo, la idea es mantener las plantas tan cerca de la puerta trasera como sea posible para que los animales estén más lejos. El área de los pollos puede ser la única cosa que quiera cambiar, ya que sería buena idea tener el gallinero cerca de una toma de corriente al aire libre que esté al lado de la casa. La mayoría de las casas tienen una o dos tomas de corriente que son seguras contra los cambios climáticos y dan al patio trasero, ya sea en la pared trasera o en la lateral. Estas serían útiles para las lámparas y los calentadores de agua.

Una alternativa es dividir las áreas verdes en dos pastizales e incluir el gallinero en uno de los pastizales. Ambos pastizales pueden contener árboles frutales. Luego, en el área de cemento del patio trasero, puede haber maceteros más pequeños que quepan en esta zona.

Granjas autosuficientes de 0,12 hectáreas o 1.200 m²

En una granja de 1.200 m² se tiene mucho más espacio, pero sigue siendo necesario tener una planificación eficiente. Una opción es segmentar un área de 1,2 m de profundidad a lo largo de toda la extensión de la línea trasera de la propiedad y usarla como pastizal para una cabra, una vaca o un cerdo. Al otro lado del pastizal, podría poner el gallinero con jaulas de conejo en el lado opuesto al de los pollos. Recuerde que los conejos son más inquietos que los pollos, así que es mejor alejarlos un poco de los animales más grandes sin importar qué tan bien se comporten.

En el área más grande y soleada del patio, coloque su huerto. Puedes optar por cavar en la tierra o usar maceteros. Solo asegúrese de tener suficiente espacio para caminar, quitar la maleza y cosechar. De nuevo, mantenga el huerto de hierbas tan cerca de la casa como sea posible. Considere la posibilidad de colocar árboles o arbustos de bayas en la sección menos utilizada del jardín. Esta disposición debería dejar suficiente espacio para poner un columpio o un área de juego y tal vez incluso un brasero. ¡Es posible tener una graja autosuficiente y disfrutar del patio trasero al mismo tiempo!

Granjas autosuficientes de 0,2 hectáreas o 2.000 m²

¡Ahora estamos halando de mucho espacio! 2.000 m² puede parecer poco, pero se trata de una mini granja, no de una granja de producción en masa, y en este caso, usted tiene espacio suficiente para disfrutar de cada elemento del *homesteading*.

Empieza por planear su vergel. Lo bueno de los vergeles es que no necesitan un terreno plano. Si es posible, mantenga el gallinero tan cerca del vergel como sea posible pues es una gran sombra natural y evita que suban las temperaturas durante los meses de verano. Junto con el área de aves de corral, también puede tener conejos. Si es posible, intente mantener a las cabras alejadas de los árboles, ya que les gusta comerse al árbol en sí mismo, no solo las hojas.

Luego, use una porción más grande del terreno allanado y el área soleada para las verduras, la alfalfa y las bayas. Puede cultivarlas en hileras o incluso vallarlas entre sí. Además, debería tener un área rectangular que se pueda segmentar para un pastizal de cabras o vacas. Intente mantenerlas lejos de la casa y reserve espacio para un gran contenedor de abono cerca de los pastizales.

Como siempre, los huertos de hierbas están mejor cerca de la casa, pero con huertos tan grandes, usted podría considerar plantar las hierbas dentro del huerto principal para mantener fuera las plagas. Muchas hierbas pueden disuadir a los bichos que de otra manera podrían devastar el huerto, y si se tiene uno más grande, se necesitará toda la ayuda posible.

Granjas autosuficientes de 0,4 hectáreas o 4.000 m²

¡Oh, todas las cosas que se pueden hacer con 4.000 m² de propiedad! Comience con el huerto de hierbas o utilice las hierbas para controlar las plagas menores en el área del huerto principal. También puede intentar separar el huerto de temporada del huerto perenne. Tanto el uso de maceteros como trabajar directamente en la tierra son buenas ideas, la diferencia es que en el primer caso usted puede reducir la cantidad de tiempo que pasará encorvado.

Luego, encuentre un rincón de su propiedad donde pueda hacer abono. Con esta cantidad de terreno, usted puede hacer una pila de abono al aire libre siempre y cuando no moleste a los vecinos. Después, dedíquese al área del vergel. Si el vergel está debidamente cercado, puede servir también como gallinero al aire libre, en cuyo caso debe poner el gallinero dentro del huerto. A los pollos les encanta correr y explorar, y la mayoría de las razas no vuelan bien, pero si nota que uno o dos de ellos se salen, puede cortarles las plumas al final de las esquinas de sus alas. Si está criando pollos por la carne, esta es muy buena opción.

Una vez que tiene el vergel y el huerto preparados, puede concentrarse en los pastizales. Una vez más, dentro de los límites de las leyes zonificación los animales, usted debería ser capaz de tener ovejas, cabras y una o dos vacas. Las ovejas y las cabras se llevan bien juntas, pero no las ponga con las vacas porque pueden intercambiar parásitos gastrointestinales no deseados, los cuales son muy dañinos para las vacas.

El tamaño no importa

Antes de continuar, hay una última cosa que es importante mencionar acerca de la planificación de su granja autosuficiente: casi todo es posible. Algunos agricultores autosuficientes exitosos trabajan con solo 500 m² de terreno. Para ello, usan jardines colgantes, tienen gallineros pequeños para dos o tres pollos y usan un contenedor de abono. No piense que necesita una gran cantidad de espacio para dedicarse al *homesteading*. Es posible que tenga que empezar con algo pequeño y luego ir creciendo.

Cerca del final de este libro, tenemos un capítulo sobre la expansión de su mini granja, lo cual puede significar crecer físicamente o añadir nuevos elementos. Lo importante es que casi siempre hay formas de empezar con lo que usted tiene ahora. Esta es una de las grandes lecciones del *homesteading*: siempre hay alguna manera de ingeniárselas.

Sáquele el máximo provecho a su terreno

Hay muchas maneras de usar el terreno de forma multifuncional, aunque, de nuevo, se necesita un poco de planificación para ejecutarlo eficazmente. Los pastizales, gallineros, vergeles, bayas y huertos no necesitan espacios separados. Además, si usted se asegura de que usa el terreno de la forma más eficiente posible, puedes facilitar el flujo de las cosechas y el mantenimiento.

Por ejemplo, en uno de los diseños de muestra explicados anteriormente, el huerto formaba parte del pastizal de las vacas. Eso fue posible porque los árboles necesitaban unos 20 metros cuadrados cada uno y las vacas necesitaban un pastizal de 3m x 3m, lo que significa que podía tener dos árboles junto a las dos vacas. Las vacas y los huertos funcionan bien juntos porque, a diferencia de las cabras, las vacas no deberían intentar comerse la corteza o las ramas colgantes de los árboles (aunque les gusta frotarse contra ellas).

Otra elección común es mantener juntas a las ovejas y las cabras. Sus temperamentos se mezclan bien, aunque se podría considerar castrar a los machos para evitar el mestizaje, ya que rara vez funciona bien.

Podemos ver algunos ejemplos de cómo hacer más fácil el flujo de trabajo y la cosecha. Inicialmente, mucha gente elige mantener el huerto de hierbas en el alféizar de la cocina, ya que así las hierbas son de fácil acceso y no ocupan espacio exterior. Otra opción es poner el vergel o los arbustos de bayas en un lado del patio que no tenga mucho tráfico peatonal, ya que estas plantas se cosecharán con menos frecuencia. También puede mantener los pastizales o corrales cerca de la pila de abono. Por último, considere cómo será la alimentación y la rotación de las comidas según la cosecha. ¿Les dará a los conejos verduras frescas? ¿Por qué no los pone cerca del jardín?

Sentarse a trazar un plan puede parecer muy abrumador, pero es importante entender que incluso con 1.000 m² de tierra, hay mil y una maneras de hacer una planificación exitosa de su granja autosuficiente. No se agobie y recuerde que si es necesario, usted puede cambiar el diseño. Aunque cambiar el diseño es una molestia, siempre es posible.

Capítulo 4: Seleccione el suministro de semillas y cultivares

Las semillas y cultivares que usted elija dictarán principalmente lo que obtendrá de su granja autosuficiente. Las decisiones que tome aquí determinarán la mayor parte de las plantas de su dieta. Puede elegir entre una mayor variedad de opciones de semillas y plantas, las cuales podrían estar disponibles en la tienda. Sin embargo, hay muchos factores que intervienen en la toma de estas decisiones. El primer paso es decidir si usará semillas, cultivares o una mezcla de ambos.

¿Cuál es la diferencia entre las semillas y los cultivares?

Explicar las semillas es bastante sencillo. Simplemente son semillas. Algunas son extremadamente caras y generalmente es mejor que las obtenga de un proveedor de semillas con buena reputación en lugar de los paquetes de papel que puede encontrar en las tiendas. Si los paquetes de papel han funcionado para usted anteriormente, entonces apéguese a lo que le funciona. De lo contrario, podría buscar en internet para explorar las opciones de semillas después de decidir qué quiere cultivar con exactitud.

Por otro lado, los cultivares son un enfoque completamente diferente de la plantación. Los cultivares provienen de la propia planta; son una porción de un árbol, un recorte de una planta, o algo similar. Se puede hacer con todo tipo de frutas y verduras; por ejemplo, se puede cultivar una nueva planta de apio a partir del corazón de una planta vieja. Sin embargo, los cultivares, a excepción de los árboles frutales, son a menudo una decepción. Normalmente, estas plantas no pueden mantenerse o producir vegetales de alto valor. Además, si se utilizan las semillas de estas plantas, a menudo producen el mismo resultado deslucido. Ahora, los cultivares pueden darse de forma natural. Sin embargo, muchos de los cultivares que se encuentran en el mercado hoy en día son plantas patentadas y con licencia, lo que significa que usted no está comprando un producto natural de una planta, sino algo creado con un propósito. Algunos de estos propósitos tienen sentido. Un ejemplo es el arbusto "bola de fuego", que a través del cultivo, convirtiéndolo en un cultivar, se ha vuelto más compacto.

Tal vez la mejor analogía para explicar la diferencia entre semillas y cultivares es la cría de perros. Las semillas son el escenario natural de un perro que se encuentra con otro y tiene cachorros. Los cultivares, o al menos los cultivares modernos, son más parecidos a los criaderos de cachorros. A través del entrecruzamiento excesivo y el control de los genes, se produce un organismo con rasgos muy específicos. Desafortunadamente, los rasgos se han vuelto tan específicos que son inestables.

Como nuevo propietario de una granja autosuficiente, usted puede elegir usar una mezcla de semillas y cultivares. Puede ser más fácil comenzar con los cultivares, incluso si su vida útil no es excepcionalmente fructífera o larga. También puede ser difícil decidir de inmediato qué semillas desea exactamente, por lo que el uso de cultivares durante una estación a la vez puede ayudar a retrasar esa decisión.

Construir un huerto para cada estación y clima

Sería maravilloso que el cielo fuera el límite en lo que respecta a la horticultura, pero todo el mundo tiene que tomar en cuenta la estación y el clima. Como nuevo agricultor autosuficiente, resulta razonable temerle a los meses de invierno que tienden a destruir los huertos. Sin embargo, hay una gran variedad de vegetales de invierno y opciones de cultivo muy resistentes.

Hemos intentado desglosar sus opciones considerando estas restricciones tanto como ha sido posible, por lo que puede volver a este capítulo cuando planifique sus cultivos de temporada para facilitar las cosas. Ahora, aunque hay muchos climas diferentes, debido a la nueva tecnología y a los métodos de agricultura mejorados, es posible cultivar cosas a las que normalmente no les iría bien en su entorno. Aunque no se pueda cultivar un árbol de aguacate en el desierto de Nuevo México de forma simple, podría ser posible.

Primavera

- Espárragos
- Aguacates
- Brócoli
- Repollo
- Zanahorias
- Apio
- Col rizada
- Rábanos
- Ruibarbo
- Fresas
- Acelgas
- Cebollas
- Setas o champiñones
- Lechuga
- Ajo

- Guisantes

Verano

- Ocra o quimbombó
- Habas o frijoles de lima
- Frambuesas
- Fresas
- Calabaza de verano
- Tomatillo
- Tomates
- Calabacín
- Berenjena
- Maíz
- Ajo
- Cerezas
- Apio
- Zanahorias
- Melón
- Arándanos
- Moras
- Pimientos

Otoño (casi todos los cultivos de verano son apropiados para otoño):

- Papas o patatas
- Peras
- Calabazas
- Nabas o colinabos
- Papas dulces o batatas
- Ñames
- Acelgas suizas
- Arándanos
- Jengibre

Invierno

- Zanahorias

- Apio
- Col berza
- Col rizada
- Puerro o ajoporro
- Cebollas
- Calabazas
- Acelgas
- Zapallo o calabaza de invierno
- Nabos

10 vegetales perennes para cultivar durante todo el año

Algunas plantas son perennes, lo que significa que se pueden producir durante todo el año e incluso durante más de dos años en algunos casos. A menudo, estos son los vegetales y granos que se encuentran en la mayoría de las dietas modernas.

Entonces, ¿qué se puede cultivar casi en cualquier lugar y durante todo el año? Los siguientes diez vegetales crecerán en cualquier momento del año si se los cuida de forma adecuada:

- Tomates: pueden cultivarse durante años, pero no pueden sobrevivir a un invierno duro en el que el suelo se congele por completo. Puede llevar sus tomates al interior durante el invierno o usar elementos de calefacción externos que sean seguros para el clima.
- Pimientos: sobreviven a casi todos los climas, pero pueden necesitar estar en interiores durante el invierno.
- Berenjenas: estos vegetales pueden cultivarse durante todo el año. Sin embargo, a menudo se tratan como una planta anual.
- Ocras o quimbombós: pueden crecer hasta los 2.1 metros de altura.
- Chayotera o guatila: es una hortaliza de vid que permanece inactiva durante el invierno, pero que se da desde el principio de la primavera hasta el final del otoño.

- Rábano picante: se trata de una planta con raíces que normalmente se cosecha en invierno para curar resfriados fuertes, pero que se puede consumir todo el año.

- Cebollas: algunas variedades se pueden cultivar durante todo el año, incluyendo los puerros perennes, las cebollas egipcias y las cebollas perla.

- Alcachofas: es una planta muy resistente similar a las papas, específicamente la alcachofa de Jerusalén o tupinambo. Pero tenga cuidado, pueden crecer y extenderse como un incendio forestal, por lo que es posible que necesiten su propio recipiente para no ahogar a las otras plantas.

- Achicoria roja o radicchio: es una estrella de las ensaladas y similar a la col, la cual requiere del sol y reaparecerá cada primavera, aunque permanecen latentes en otoño e invierno.

- Col rizada: crece bien en climas cálidos y fríos y generalmente se la conoce como un "súper cultivo", además de que está llena de nutrientes.

Tenga en cuenta que tal vez no quiera cultivar estas verduras durante todo el año o tal vez necesite separar su huerto perenne de su huerto de temporada.

Plantas que solo crecen en ciertos climas

Podría sorprenderle descubrir que los tomates no son originarios de Italia. De hecho, llegaron a Italia por medio de un barco español que había venido de Perú. Hasta el momento en que los tomates llegaron a Europa, solo habían prosperado en el clima peruano. Durante años fueron domesticados y mejorados para ser tan resistentes que hoy son una de las plantas favoritas de los agricultores principiantes.

Sin embargo, hay algunas plantas que son demasiado difíciles de cultivar; la mayoría son plantas húmedas o tropicales. Ejemplos de estas plantas incluyen las verduras asiáticas, la col china, el bok choi y las lechugas tropicales como la malva de ensalada, e incluso el ñame o malanga. Estos solo se dan bien en climas cálidos y con alta humedad.

¿Qué pueden hacer las flores por su huerto?

Los jardines de flores se ven hermosos y los huertos son útiles, pero ¿por qué mantenerlos separados? Pocos productores principiantes conocen el potencial de tener flores en su huerto. Tienen beneficios excepcionales y pueden ayudarlo a desarrollar sus habilidades para la agricultura, ya que requieren de un poco más de atención que la mayoría de los vegetales que eligen los principiantes al inicio.

Las flores tienen tres propósitos principales en un huerto:

• Promover la polinización, lo que se traduce en una mayor producción y una vida vegetal más larga.

• Actuar como un señuelo para impedir la invasión de plagas, ya que los áfidos y otras plagas a menudo prefieren las flores a los vegetales.

• Atraer a los insectos depredadores y así traerá a los insectos que se alimentan de áfidos y otras plagas de los huertos.

Las flores atraen más insectos polinizadores que no solo pueden ayudar a fertilizar las flores, sino también los tomates, los frijoles, los calabacines, los guisantes y cualquier cultivo que dependa de la polinización. Además, son como un pequeño sacrificio. Si los áfidos deben elegir entre tomates y cosmos (una especie de flor), acudirán en masa a las flores. Luego están los insectos depredadores, como las avispas y los sírfidos, los cuales se comerán a los pulgones y a casi cualquier otro insecto del que puedan alimentarse.

Conozca las variedades de las semillas

Normalmente, cuando se habla de variedades de semillas, la gente se refiere a las diferentes variedades de plantas vegetales y frutales que tienen en su propiedad. Sin embargo, hay diferentes tipos de semillas propiamente dichas que se pueden comprar para plantar. Lo siguiente es la información que usted verá en las etiquetas de las semillas, y aunque puede ser un poco difícil de entender al principio, es importante saber lo que se está comprando.

De polinización abierta

Estas semillas provienen de plantas que se mejoraron naturalmente en un campo o en un entorno de crecimiento general. Por lo general, estas cepas son mucho más estables porque la mejora vegetal se hizo generación tras generación y deberían producir plantas similares a la planta madre.

Tradicionales o autóctonas

Son plantas de polinización abierta que fueron cultivadas por rasgos específicos durante un mínimo de 50 años. Es por eso que las variedades de tomate reliquia o de herencia son a menudo tan fáciles de distinguir. Los tomates reliquia son conocidos por su resistencia, lo que puede hacerlos una mejor opción para las personas que no tienen experiencia previa con la agricultura.

Híbridas

En el caso de las híbridas, se utiliza la mejora vegetal intencional para cruzar dos plantas diferentes o incluso dos especies diferentes. Sin embargo, las híbridas se alteran en el campo a través de un medio "natural" de polinización y cultivo. Las híbridas corren el riesgo de ser estériles, y pueden no reproducirse "de verdad", es decir, pueden no producir exactamente lo que el cultivador pretendía.

Organismos modificados genéticamente (OGM)

Los OGM son exactamente lo que usted probablemente sospecha que son, es decir, organismos modificados genéticamente. Se fabrican en un laboratorio y suelen estar patentados, lo que da lugar a etiquetas de marca y es un reto encontrarlos en el mercado local de cultivos.

Tratadas con fusión celular CMS (esterilidad masculina citoplasmática)

Se trata de un método para alterar genéticamente la semilla a través de un tipo de proceso de OGM. El rasgo modificado es eliminado de las posibilidades genéticas futuras, lo que significa que proviene de un OGM, pero no comparte las mismas modificaciones genéticas que la planta madre.

¿Por qué es importante saber todo esto sobre las plantas y las semillas? Como se ha señalado anteriormente, las tradicionales pueden ser más fáciles de cultivar. Además, los híbridos pueden tener una mayor densidad de nutrientes o una mejor disposición para su clima. Aunque estos son detalles de los que no querrá preocuparse durante su primera temporada, es algo que debe considerar cuando investigue más a fondo sobre la compra de semillas.

Utilice sus preferencias personales cuando planee su suministro de semillas

Los tomates son generalmente fáciles de cultivar en una amplia variedad de climas y pueden crecer todo el año si se manejan correctamente. Pero, si a usted no le gustan los tomates, no los cultive. Piense en lo que come ahora y en lo que le gustaría introducir en su dieta. Intente ser lo más diverso posible y considere plantar diferentes variedades dentro de la misma familia, como las papas amarillas y las papas rojas.

Al final, usted no querrá tener un jardín lleno de cosas que no le guste comer. Parte del rol de tener una granja autosuficiente es desarrollar la autosostenibilidad dentro de su hogar, lo que significa menos viajes para comprar en el supermercado o cenar afuera. Tenga en cuenta que su huerto puede incluir más que las verduras que son el centro de atención en el plato de la cena. Muchos cultivan col rizada solo para hacer jugo o batidos y otros cultivan pimientos para sazonar y dar sabor a la comida. Incluso las flores mencionadas anteriormente son en gran medida comestibles. Por ejemplo, el trébol y la caléndula son comestibles pero tienen funciones muy diferentes en la mesa.

Use su gusto personal para sentar las bases de lo que le gustaría ver en su huerto. Luego, determine en qué estaciones prosperan esas opciones y si hay plantas adicionales que se pueden agregar al huerto para apoyar su crecimiento y ampliar la variedad de opciones que tenga disponibles en la cocina.

Podría parecer que toda esta investigación sobre semillas es innecesaria o tal vez exagerada. Sin embargo, se ahorrará mucho tiempo y esfuerzo si invierte su energía en elegir plantas que usted disfrute comiendo, que puedan ser cosechadas en una rotación fácil de manejar y que aguanten mejor las enfermedades vegetales.

Capítulo 5: ¿Cómo seleccionar los pollos y construir un gallinero?

Las gallinas pueden ser un elemento extremadamente valioso en cualquier granja autosuficiente. No solo producen huevos, sino que también son una fuente de fertilizante y, al mismo tiempo, excelentes mascotas. Sin embargo, como cualquier otro animal, implican bastante trabajo. No es tan fácil como meterlas en el gallinero y comprobar si hay huevos cada tantos días. Requieren cuidados diarios, pueden enfermarse y pueden necesitar ayuda especial tanto en las estaciones frías como en las cálidas. La presencia de huevos también puede atraer a criaturas no deseadas como serpientes, mofetas, zarigüeyas, ratas, mapaches y cuervos.

Aunque existe el riesgo de que atraigan plagas, vale la pena invertir en ellas y buscarles un sitio dentro de la granja autosuficiente. Lo que tendrá que hacer es planear cómo las alojará, alimentará y mantendrá el ambiente limpio. Afortunadamente, la forma en que planeará estas cosas generalmente no varía según el tipo de gallinas que tenga.

Seleccione las gallinas adecuadas para su granja autosuficiente

Al elegir las gallinas, deberá tener en cuenta el volumen de producción de huevos, su resistencia y su capacidad para mejorar su granja de otras maneras. Por ejemplo, algunas gallinas son excelentes para el control de plagas. Aunque pueden invitar a pequeños mamíferos no deseados, también pueden controlar los insectos en la propiedad. Otras son una buena alternativa si usted quiere producir carne y huevos al mismo tiempo.

Los tres tipos principales de gallinas que estudiaremos a continuación son las razas de herencia, las razas alternativas y las razas conocidas en inglés como *momma hen* o "mamá gallina".

Razas de herencia

Generalmente, las razas de herencia corresponden a las razas de gallinas más comunes. Estas incluyen a las *leghorn* blancas, las *Rhode Island* rojas y las *black australorp*. Existen algunas diferencias básicas entre ellas, especialmente en cuanto a producción y temperamento. Son fáciles de distinguir por el color y el tamaño.

Por lo general, los agricultores autosuficientes tienen al menos una variedad correspondiente a las razas de herencia y muchos principiantes tienen las tres. Se suele empezar con las razas de herencia porque todas son bastante fuertes. Sin embargo, cada quien tiene sus preferencias, e incluir las tres razas sirve como experimento para ver qué opciones se adaptan mejor a sus necesidades.

Las *leghorn* blancas

Las gallinas *leghorn* blancas, como el famoso pollo de los dibujos animados, el Gallo Claudio, son posiblemente el tipo de gallina más común. Son las típicas gallinas de plumas blancas con pico amarillo y cresta o barbilla roja. Ponen entre 250 y 300 huevos por año y su puesta de huevos depende en gran medida del clima y la seguridad.

Son quizás la raza de gallinas más consistente cuando se trata de la producción de huevos.

Las *leghorn* blancas suelen tener un comportamiento dócil. Su temperamento es tranquilo, pero en gran medida les gusta que las dejen solas; no son el tipo de gallina que se compra como animal de apoyo o para servir como mascota. Los gallos de esta raza pueden volverse agresivos.

Las Rhode Island rojas

Estas gallinas ponen los codiciados huevos marrones y producen regularmente unos 280 huevos por año. Son una gran elección para los que se inician en el mundo de las granjas autosuficientes porque son una raza muy resistente que soporta bien tanto los climas fríos como los cálidos. Se les reconoce fácilmente por sus bonitas plumas rojas y son generalmente más pequeños y robustos que las gallinas *leghorn*.

Estas gallinas son tranquilas, aunque los gallos pueden volverse agresivos, tal como sucede con las *leghorn*. Las *Rhode Island* rojas también son grandes recolectoras y van activamente tras los insectos. Si usted busca una opción con mejor comportamiento que las *leghorn* y está dispuesto a sacrificar una porción de la producción de huevos, puede elegir a los *Rhode Island* rojas.

Las *australorp* negras

Las gallinas *australorp* pondrán entre 200 y 240 huevos en un año, un número de huevos ligeramente menor que el de las otras dos razas de herencia. Se les puede distinguir fácilmente por sus plumas negras con reflejos casi verdes. Generalmente son bonitas y pueden llegar a ser bastante grandes. Son bastante gentiles, pero también pueden ser tímidas, ya que tienden a asustarse más fácilmente que la mayoría de las otras razas.

Originalmente, las *australorp* negras provenían de una raza inglesa llamada *black orpington* para aumentar la producción de huevos sin aumentar el tamaño del ave o disminuir la calidad de la carne. Si usted está buscando un ave para la producción de carne y huevos, entonces definitivamente debería considerar a las *australorp* negras.

Razas alternativas

Las razas alternativas a menudo son mezclas de una o más razas criadas juntas para un propósito específico, el cual suele ser aprovechar la calidad de la carne y la resistencia de estas gallinas cuando se trata de soportar algunas condiciones climáticas. Estas razas son generalmente más resistentes, más tranquilas y más económicas, ya que su producción no se ve afectada por el espacio. Las razas alternativas también son excelentes para los entornos urbanos. Si usted no cuenta con mucho terreno, estas son la mejor opción.

Las California blancas

¡Estas gallinas son máquinas de producir de huevos! Normalmente ponen unos 300 huevos al año y tienen muy poca fluctuación en la producción entre una temporada y otra. Son resistentes al invierno y les va bien cuando están confinadas, y esto es justo lo que las hace tan deseables para aquellos en ambientes pequeños. Ponen huevos blancos y son más pequeñas que las *leghorn*, aunque se trata de una raza mixta entre una *leghorn* y otras razas varias.

Finalmente, las california blancas son muy tranquilas y dóciles. Si el ruido que puedan hacer las gallinas es una de sus preocupaciones, las california blancas son lo que usted necesita. Si sabe que sus vecinos tendrían problemas con bandadas más ruidosas, una bandada de california blancas sería lo mejor. Lo que disuade a la mayoría de las personas que se están iniciando en la cría de gallinas de elegir esta raza, es que son cluecas, lo que significa que quieren empollar huevos. Por lo tanto, pueden ser algo agresivas cuando se van a recoger los huevos o algunas gallinas pueden negarse rotundamente a salir de los ponederos.

Cinnamon queens o Reina de canela

Son rojas, robustas y ponedoras de huevos con una producción elevada. Debido a su cría híbrida, la Reina de canela, mejor conocida como *cinnamon queen,* se desarrolla y comienza a poner huevos rápidamente. Tienen plumas que van del rojo oscuro en la parte superior de su cuerpo hasta el rojo claro en la parte inferior. Sus patas son mayormente amarillas y su pico es de un color entre canela y dorado. Ponen entre 250 y 300 huevos por año, pero dejan de producir a temprana edad, lo que significa que después de unos años usted podría tener muchas gallinas retiradas que no estarán produciendo, pero que seguirán drenando los recursos de la granja como el alimento, el agua y el espacio.

Además, hay cierta preocupación por los problemas de salud que presentan las *cinnamon queen.* Muchas personas han reportado que mueren muy pronto, lo que puede ser extremadamente desagradable. Estas declaraciones no son sorpresivas, ya que la *cinnamon queen* es una gallina "de diseño" con genes de gallinas rojas, lo que es el equivalente a una raza de perros de diseño que han sido criados de forma indiscriminada, generándoles así numerosos problemas de salud.

Sex Links rojas y negras

Las gallinas *sex link* rojas y negras no son inherentemente una raza alternativa, sino una colección de razas más pequeñas. Estas razas, incluyendo las *cinnamon queen* y muchas otras, fueron criadas con el propósito específico de obtener una alta producción de huevos. Eso significa que a menudo ponen más de 300 huevos por año. Pero no se engañe, una mayor producción de huevos a menudo viene acompañada de varios problemas de salud, mal temperamento y un carácter muy activo. Tampoco les va bien en los climas fríos.

Si se tiene un gran terreno, entonces que sean muy activas no es un problema, pero es desalentador cuando no se sabe cómo ayudar a los posibles problemas de salud, particularmente para los criadores de gallinas principiantes. Por supuesto, muchas de estas gallinas viven una vida plena y libre de enfermedades. Es solo una de las muchas posibilidades que hay que repasar antes de elegir cuáles gallinas comprar.

Criar pollos para sacrificarlos

La mayoría de los pollos que usted elegiría para poner huevos no son las mejores opciones para la producción de carne. En este caso, las mejores opciones son los pollos de Cornualles y los pollos de raza rock. Además, usted puede elegir los *freedom rangers*, que generalmente crecen más lentamente, o los *Plymouth barred rock*, que generalmente producen más carne que las variedades *cornish* o rock. Sin embargo, la carne no es de la misma calidad.

Hay una diferencia significativa entre los pollos destinados a la producción de carne y los destinados a la producción de huevos. Cuando se trata de pollos destinados a la producción de carne, las razas de herencia incluyen a los pollos de Cornualles, los pollos rock y los *freedom rangers*. Estos pollos son bien conocidos por su comportamiento amistoso y su tendencia natural a la exploración. No quieren estar atrapados en un pequeño gallinero durante toda su vida, sino que quieren tener la libertad de deambular por ahí.

Cuando considere criar pollos para carne, usted tendrá que hacerse las siguientes preguntas:

- ¿Puedo dar a esos pollos una buena vida y una muerte humana?
- ¿Puedo mantener financieramente a los pollos que podrían no generar beneficios para la granja durante meses?
- ¿Criaré razas de herencia o híbridas de cruce de Cornualles?

La primera pregunta planteada puede ayudarlo a determinar qué tipo de pollos elegirá si los cría para ser sacrificados. Si no puede darles una buena vida y una muerte humana, entonces generalmente debería evitar criar pollos para carne. Sin embargo, si le preocupa darles una buena vida durante unos pocos años, eso podría cambiar su perspectiva. La mayoría de los pollos para producción de carne son sacrificados sin crueldad antes de cumplir los ocho meses de edad. Usted no tiene que darle a este pollo un hogar por dos o tres años. Simplemente tiene que darle comida, agua y refugio durante unos meses. Luego tendrá que preocuparse de cómo puede sacrificarlos de forma humana. Hay algunas herramientas diferentes para ayudar a los granjeros con esto, y a medida que vaya desarrollando su granja autosuficiente, usted aprenderá rápidamente que la muerte de los animales es uno de los elementos que tendrá que enfrentar en algunas ocasiones.

Cuando se trata de los elementos financieros, hay algunas concepciones erróneas. El momento en el que se empieza a criar pollos es uno de los pocos en los que sale más caro dedicarse al *homesteading* que ir al supermercado. La inversión inicial para criar pollos implicará un gallinero, acceso a agua, comederos y ponederos. Luego habrá gastos recurrentes para los pollos, incluyendo agua y pienso. Si se calcula el costo de los primeros meses criando pollos para la producción de carne, definitivamente parecerá que gastar 2,99 dólares por medio kilo de carne de muslo de pollo en el supermercado es más barato. Sin embargo, una vez que se familiarice con las altas y bajas de la crianza de pollos para producir carne, los costos iniciales y los costos recurrentes se equilibrarán.

Entonces, ¿usted criará pollos de herencia o híbridos de Cornualles para la producción de carne? Mucha gente se anima a usar pollos de herencia por varias razones. En primer lugar, su curiosidad natural para explorar y correr puede ayudar con el control de plagas y la suciedad. En segundo lugar, como siempre están en constante movimiento, su carne a menudo tiene un sabor más natural. Por último, con frecuencia son grandes mascotas de compañía para otros pollos y cabras.

Sin embargo, los híbridos cruzados de Cornualles son una historia diferente. Estos pollos fueron criados para sentarse, pararse y comer. No están interesados en interactuar con otros animales o en explorar el patio. De hecho, a los híbridos cruzados de Cornualles les va mejor cuando se mantienen en un espacio muy pequeño y confinado con poca luz las 24 horas del día. Y si aún no lo ha adivinado... sí, esas son exactamente las condiciones en las que se crían los pollos en granjas de producción masiva de dudosa ética. Esta raza a menudo sufre de enfermedades, de ataques al corazón causados por el estrés y de huesos rotos. La cría selectiva utilizada para producir los híbridos cruzados de Cornualles resultó en una estructura corporal inestable.

¿Se necesita un gallo para que las gallinas pongan huevos?

Una concepción errónea que se cree con frecuencia es que se necesita tener un gallo en la propiedad para que las gallinas pongan huevos. Los dueños de las tiendas de alimentos locales a menudo perpetúan esta creencia y también hay una cantidad sustancial de información errónea sobre este tema en internet.

Una gallina no necesita un gallo para poner huevos. Sin embargo, si usted planea criar pollos, tener un gallo es absolutamente necesario. Lo único que el gallo hace es fertilizar los huevos. Sin embargo, muchas personas que se dedican al *homesteading* creen que tener un gallo en la propiedad sirve como una especie de protección para las gallinas o que tal vez las gallinas son más productivas cuando un gallo está cerca porque sienten que el ambiente es más seguro.

Cuando usted decida si va a tener un gallo o no, hágase las siguientes preguntas:

- ¿Criaré pollitos?
- ¿Mis gallinas estarán cerca de posibles amenazas? (Incluso amenazas percibidas como un perro)

- ¿Quiero tener huevos fertilizados?

Las *momma hen*: las sedosas y las *brahma*

Acabamos de abordar brevemente el propósito de los gallos en una granja. Ahora vamos a tocar el papel de las gallinas mamá, que son aquellas que empollarán huevos. Ya sea que elijan usar razas de pollos de herencia o alternativas para la producción de huevos, no es probable que esas gallinas empollen los huevos. Si usted tiene una gallina en particular que está empollando (o clueca), esto no es necesariamente algo bueno. Una gallina que está empollando puede volverse agresiva si intenta recoger los huevos y puede deprimirse o estresarse si continúa quitándoselos. Usted no quiere tener una gallina de herencia de raza alternativa empollando huevos. Entonces, ¿qué puede hacer si usted quiere criar sus propias gallinas?

La respuesta es traer una o dos gallinas mamá. Las mejores suelen ser las sedosas (o *silkies* en inglés) o las *brahma*. Estas son gallinas con las que probablemente no contarás para producir huevos o carne. Lo que hacen es un trabajo de maternidad. Empollan los huevos, los protegen y son muy bondadosas. Son tan deseables que algunas personas deciden tenerlas como mascotas.

Las sedosas

Las gallinas sedosas, o *silkies,* son conocidas por sus rasgos similares a la seda, por su temperamento dócil y porque les encanta que las sostengan. Las gallinas sedosas no lucen como las gallinas regulares. Son muy suaves y peludas y normalmente crecen demasiado, aunque algunas subrazas pueden ser más grandes que el estándar.

Las brahma

Las gallinas *brahma*, a diferencia de las sedosas, son generalmente mucho más grandes que la gallina promedio. De hecho, una de sus razas gigantes atrajo bastante atención en los noticieros cuando una de las gallinas alcanzó su altura máxima de casi un metro. En promedio, una gallina *brahma* crecerá hasta unos 75 centímetros de altura y pesará más de 5 kilos. También tienen una esperanza de vida muy larga, ya que les toma casi tres años alcanzar su tamaño completo.

Otros factores a considerer cuando se crían gallinas

Además de los tipos de gallina que se tienen que elegir, existen otros factores a considerar. Por ejemplo, si usted tiene coyotes o lobos, querrá asegurarse de tener un gallinero muy seguro. También tendrá que planificar dónde almacenará los huevos. No es probable que usted sea capaz de comer cientos o incluso miles de huevos en un año. Algunos los regalan, otros los venden en los mercados locales, mientras que otros los congelan o los preparan en escabeche para almacenarlos.

Estos son solo algunos factores a considerar y podrían ayudar a determinar qué tipo de gallinero construir. Por ejemplo, si llueve mucho en donde usted se encuentra, entonces debería considerar seriamente un gallinero que esté a unos centímetros del suelo para que no se inunde con frecuencia.

Construir un gallinero

Todos los gallineros tienen los mismos elementos básicos. Usted deberá crear una estructura para proteger a los pollos del mal tiempo y darles un espacio seguro para poner los huevos. El gallinero no necesita ser complejo o elaborado. De hecho, cuanto más simple sea el gallinero, más fácil será mantenerlo. Puede ser agradable imaginar que les dará a sus pollos una mansión lujosa con todos los complementos imaginables, pero eso no es razonable.

Empiece por determinar cuántos pollos tendrá. Cada pollo necesita alrededor de 1,2 m^2 de espacio para caminar. También está el debate sobre el número de cajas de ponedores que se necesitan. Las gallinas compartirán los espacios de anidación, pero si quiere que su bandada crezca con el tiempo, podría ser mejor incluir más espacios de anidación en lugar de tratar de añadirlos en el futuro.

No hay nombres establecidos para los diferentes estilos de gallineros, pero aquí se explican algunas formas básicas para que pueda hacerse una idea de las opciones disponibles. El estilo más común de gallinero es el de cobertizo con marco; el gallinero en sí parece un cobertizo al aire libre con un espacio de alambre instalado al lado. También está el estilo de marco en A, el cual se parece un poco más a una tienda de campaña apuntalada. Puede crear un gallinero con un estilo de gazebo o kiosco que normalmente está abierto por los lados con una estructura con forma de palacio sobre el suelo. La estructura más funcional y ahorradora de espacio es la de estilo cobertizo, por lo que esa es la que abordaremos aquí para ayudarlo a aprender a construir un gallinero. Si usted interesado en un gallinero con marco en forma de A o gazebo, puede buscar en internet una estructura prefabricada o un conjunto de planos. Construir cualquier estructura que no sea del estilo estándar de cobertizo puede requerir habilidades de construcción más avanzadas. Por supuesto, cualquier constructor experto puede crear gallineros con diseño personalizado y de forma única que se ajusten a su patio.

Después de decidir cuántos pollos tendrá y el estilo de cobertizo que le gustaría, tendrá que decidir en qué parte del patio los colocará. Cuando se trabaja en desarrollar una granja autosuficiente en el patio trasero de la casa o en crear una mini granja, la ubicación es un gran problema. La bandada tiene ciertas exigencias y eso puede cambiar la forma en que se organiza la granja autosuficiente. La bandada necesitará sol, acceso a la sombra, buen flujo de aire y bajos niveles de ruido. Por otro lado, usted necesitará tener acceso fácil para poder entrar y salir cómodamente. Trate de considerar diferentes lugares y pase algún tiempo en esas áreas primero para tener una idea del nivel de ruido y el flujo de aire.

A continuación, planifique la construcción del gallinero, y si usted utiliza una estructura básica compartida, es tan simple como incluir cuatro paredes, un piso, un techo, una región exterior enjaulada, ponederos y una puerta. También necesitará ventanas o lamas de ventilación y un lugar designado para el comedero y el bebedero.

Los elementos adicionales que usted podría considerar añadir al gallinero incluyen un posadero, un lugar para los baños de polvo, iluminación y tablones de excremento. Si está considerando agregar algún extra, priorice la iluminación y los tablones para el excremento. La iluminación es un elemento que puede ayudar a mejorar la producción de huevos, particularmente durante los meses de invierno, por lo que debe haber iluminación UVA y UVB directamente en el área cerrada del gallinero. Tener luces en el gallinero significa que se necesita acceso a la electricidad, y si donde usted vive suele haber inviernos duros, también la necesitará para los calentadores de agua. Si es posible, asegúrese de que el gallinero tendrá acceso a la electricidad. Ahora, los tablones para excremento son un pequeño extra que no requiere mucho trabajo y puede ahorrarle mucho tiempo en el mantenimiento de su granja autosuficiente. El tablón para el excremento se coloca debajo de la zona de posadero y debe deslizarse fácilmente dentro y fuera del gallinero.

Una vez que tenga el plan esbozado, usted estará listo para seleccionar los materiales. La mayoría de los que construyen su propio gallinero prefieren la madera y el tipo de madera que se elija no es tan importante. Se puede elegir algo asequible y no hay necesidad de adquirir madera como el cedro, cuyo propósito es alejar a las plagas. Las gallinas recibirán con gusto la compañía de los insectos. Además de todos los materiales de madera, se necesitará una malla o tela metálica. Este tipo de alambre está tejido lo suficientemente flojo para que un buen flujo de aire pueda pasar a través de él, pero no tan flojo como para que los pollos puedan escapar.

El mejor tamaño posible para la mayoría de las mini granjas es una estructura de 1,2 x 1,2 x 1,8 metros para diez pollos, y luego un gallinero adicional de 1,2 x 2,4 m. Hay numerosos opciones de planos gratuitos se pueden consultar al momento de construir. Sin embargo, si usted puede poner un piso, cuatro paredes, una puerta y un techo, no tendrá ningún problema. Tal vez el mejor recurso para esta tarea sean los numerosos video tutoriales de bricolaje que hay disponibles en internet. Si usted aún no está familiarizado con la construcción, este es un gran lugar para empezar, incluso si ya hizo un plan escrito, pues es mejor ver a alguien construir una estructura o conseguir ayuda manual.

Si le preocupa conseguir los materiales y el equipo, tenga en cuenta que puede alquilar la mayor parte de lo que se necesita. En las ferreterías locales e incluso en las cadenas más grandes, le cortarán los materiales ahí mismo en la tienda y le pueden alquilar herramientas grandes. Eso significa que no tiene que invertir en una sierra circular o en equipo pesado. Las gallinas pueden tener un rol fundamental en su granja autosuficiente y construirles un buen gallinero vale la pena el esfuerzo.

Capítulo 6: Prepare su cocina para el homesteading

La mayoría de la gente usa su cocina para la cocina general y el almacenamiento de alimentos, pero una granja autosuficiente va mucho más allá del uso general. Cuando se tiene una granja autosuficiente, se le debe dar algo de alegría a la cocina, porque se le va a dar un uso que va mucho más allá de lo general. Usted no se limitará a poner algo en el horno de vez en cuando ni pondrá la olla en una hornilla la noche anterior, sino que su cocina se usará para otras tareas relacionadas con el *homesteading* además de cocinar. La usará para enlatar, envasar y otras formas de conservación de alimentos, e incluso para procesar alimentos de un estado crudo a otro, como convertir la leche en yogur.

Su cocina deberá la capacidad de manejar el almacenamiento de frutas, verduras y productos cárnicos con facilidad. Eso significa que necesitará tener todas las herramientas necesarias para procesar estos productos, y luego habilidades de almacenamiento para conservarlos y manejarlos adecuadamente. En un capítulo posterior nos adentraremos en las técnicas de almacenamiento a largo plazo; por ahora, nos centraremos en los suministros que necesitará y en cómo aprovechar al máximo el espacio de su cocina.

Cuando se prepara la cocina para una granja autosuficiente, es cierto que debería ser muy funcional, pero también debe ser un refugio seguro. Para asegurarse de que usted pueda disfrutar de su cocina y minimizar cualquier frustración relacionada con esta, comience por verificar que tiene todos los suministros adecuados.

Lista de suministros

Una parte del *homesteading* se trata de aprender a usar lo que se tiene. Usted debería empezar por tener lo básico y luego añadir algunas cosas que generalmente pueden ayudarlo a hacer su vida más fácil o la cocina más segura. Esta lista tiene algunas cosas de las que probablemente podría prescindir, pero que probablemente querrá tener a mano cuando llegue el momento de cocinar, organizar y preparar la comida.

Antes de que nos sumerjamos en la lista, tenemos que resaltar la importancia de la calidad. Compre lo que pueda, pero si es posible, compre lo mejor que pueda. Es mucho mejor tener un set que incluya un sartén y una cacerola de hierro fundido de buena calidad que comprar un juego de sartenes barato y una cacerola menos resistente. Además, cuando se compran artículos de mayor calidad, normalmente significa que no llenaremos la casa de trastos que realmente no son necesarios. Por último, hay que tomar en cuenta el cuidado. Cuando algo es más caro o de mayor calidad, generalmente lo cuidamos más. El hierro fundido es un buen ejemplo de esto porque es una material que requiere mantenimiento después de cada uso, ¡pero esa olla o cacerola puede durar más de cien años! Duran tanto tiempo porque la gente que las usa sabe que cuidarlas es vital.

Entonces, ¿qué es exactamente lo que usted necesita para empezar? La siguiente lista incluye todo lo que sería bueno tener en una cocina. Generalmente, lo ideal sería tener al menos uno de cada cosa, y normalmente, es suficiente con un solo artículo para cada propósito. Por ejemplo, no es necesario tener tres sartenes para saltear, aunque sean de diferentes tamaños.

Lista de artículos para la cocina

• Cuchillos: en la categoría de cuchillos aquellos imprescindibles incluyen un cuchillo de chef, un cuchillo de pan y un cuchillo de carnicero. Sin embargo, un juego completo con cuchillos para pelar y cuchillos para carne es una excelente opción también.

• Tijeras: tijeras de cocina y tijeras para trocear aves de corral.

• Ollas: una olla grande para hacer enlatados a baño maría y caldo, aunque las ollas más pequeñas también son muy útiles.

• Utensilios de madera: opte por una cuchara tradicional, una cuchara con ranuras, una espátula y una cuchara para pasta. En general, los utensilios de madera son mejores en comparación con sus homólogos de metal.

• Hierro fundido: debe tener una sartén de este material, aunque tener una cacerola de hierro fundido también puede ser extremadamente útil.

• Tazas medidoras: cualquier juego sirve; si se dedica a hornear con frecuencia, una taza de medir de 1 ½ es muy útil.

• Coladores o tapas de porcelana.

• Tazones para mezclar.

• Tablas de cortar.

• Balanza de cocina.

• Rodillo.

• Paneras: la mayoría de las personas que se dedican al *homesteading* hacen su propio pan, y para eso, las paneras son extremadamente útiles.

Lista de electrodomésticos para la cocina

- Horno y cocina o estufa.
- Refrigerador.
- Congelador: un congelador horizontal es muy útil si se tiene una granja autosuficiente.
- Fregadero: considere la cantidad de tiempo que pasará en su cocina; un fregadero más grande puede ser un gran alivio de estrés al evitar que sienta que el fregadero está siempre lleno.
- Batidora: no importa si es de pedestal, de mano o de inmersión, ¡todas son buenas opciones! Si usted quiere hornear con frecuencia, considere la posibilidad de invertir en una *Kitchen Aid* o un modelo comercial, pues podría ahorrarse una cantidad sustancial de tiempo.
- Licuadora
- Procesador de alimentos: ¡le ahorrará un montón de tiempo a la hora de picar!
- Termómetro: no bastará solo con un termómetro de carne, consiga un termómetro de caramelo para hornear y hacer caramelos.
- Un balde para las sobras o una caja de abono de cocina.

Equipo de cocina opcional – Los lujos de una cocina para *homesteading*

- Panificadora o máquina para hacer pan: la mayoría horneará pan.
- Enlatadora a presión: olvídese de hacer sus enlatados en una olla.
- Deshidratador.
- Molino de carne.
- Empacador de salchichas
- Máquina para hacer pasta: una opción adicional para las batidoras de pedestal.
- Cortadora de carne.

● Protector de alimentos (sistema de sellado al vacío): puede reducir considerablemente las quemaduras por congelación y la demanda de espacio de almacenamiento.

Decidir si usar estas herramientas y la forma en que se haga depende completamente de usted. Considere sus preferencias personales, pero no tenga miedo de salir de su zona de confort. Muchas personas que no han usado una batidora antes pueden preferir una batidora de mano y eventualmente pasar a una batidora de pedestal. De todos modos, es probable que nunca haya usado una enlatadora a presión o una panificadora. Recuerde que parte de la satisfacción del *homesteading* es probar cosas nuevas y aprender a hacer sus propios productos en lugar recurrir al supermercado. La autosuficiencia siempre requerirá de algo de aprendizaje adicional y un poco de diversión.

Herramientas y suministros de *homesteading* para su cocina

Hay algunas herramientas que solo necesitarán aquellos que se dediquen al *homesteading*. Pueden ser usadas para el sacrificio humanitario (o matanza ética de animales), soluciones de almacenamiento y conservación a largo plazo. Estas herramientas tienen funciones muy específicas que probablemente necesite incluso si está haciendo lo más básico del *homesteading*, como la horticultura y la cría de pollos.

Herramientas y suministros de *homesteading*

● Cultivo o fermento de yogur: viene tanto en forma seca como líquida.

● Yogurtera eléctrica: no es un artículo imprescindible, pero sí un buen complemento para su cocina.

● Levadura: para hacer pan.

● Frascos de vidrio para enlatar: conseguir varios tamaños es importante, además de tapas y anillos.

● Bandejas de horno: cuanto más, mejor.

• Contenedores: mantendrán los productos secos y las plagas como las polillas fuera, además de reducir la probabilidad de que hayan gorgojos.

• Suministros para la fabricación de queso: cuchillo para cuajada, moldes para queso, prensa para queso, esteras para escurrir queso, cera para queso, envoltorios para queso y muselina para mantequilla.

Estos suministros ayudan a la manipulación y almacenamiento de muchos productos lácteos. Incluso si usted no tiene una vaca lechera en su granja, puede usar la leche pasteurizada que compra en la tienda para hacer yogur y queso. Si su objetivo es tener algún día una vaca lechera, ciertamente puede comenzar a trabajar en sus habilidades para hacer yogur y queso para estar preparado para cuando tenga una cantidad sustancial de leche en su casa.

Herramientas especiales para una granja autosuficiente

Algunas granjas autosuficientes requieren herramientas muy específicas relacionadas con la cocina. Estas herramientas las utilizan agricultores autosuficientes más avanzados y pueden no aplicarse directamente a sus planes iniciales de cultivo.

Primero, tenemos el sacrificio selectivo de conejos, conocido en inglés como *rabbit culling*. Se trata de una forma de "remover al conejo de la manada", lo que puede significar darle al conejo un nuevo hogar o usarlo para consumir su carne. Generalmente, aquellos que se dedican al *homesteading* emplean este término u otros como "eliminación" o "despachar" porque es la mejor manera posible de reemplazar la palabra "matanza". Esto es así porque mucha gente se apega a los animales, pero de todas forman los utilizan para su propósito, es decir, la producción de carne.

Una herramienta especial para despachar o sacrificar conejos selectivamente se llama *Hopper Popper*. Esta herramienta proporciona una forma humana de sacrificar a los conejos y el tamaño más pequeño disponible también funciona para los pollos.

Aunque no es una herramienta de "cocina", mucha gente la monta en un cobertizo o a un lado de la casa, lejos de los conejos o pollos restantes, y es una sólida alternativa a las otras formas menos agradables de sacrificar animales.

Los compostadores son otra herramienta especializada. Usted puede tener dos compostadores separados: uno en la cocina y uno en el exterior. Al ser una herramienta especializada, usted podría considerar tener una caja de compost cerrada que debería ayudar a reducir cualquier hedor en su cocina, ya que la caja no se abre directamente al abono, sino que tiene un proceso de vertido de los desechos de dos pasos.

¿Cómo organizarse y mantenerse así?

Organizarse es una cosa; mantenerse organizado es otra. Pero, con algunas opciones buenas que ofrezcan soluciones de planificación y almacenamiento, usted puede hacer que mantenerse organizado sea fácil. A medida que vaya revisando lo que necesitará en términos de espacio, podrá evaluar mejor las formas en que puede manipular el espacio de cocina que ya tiene. ¡No hay absolutamente ninguna razón para hacer una renovación completa de la cocina si se quiere tener una granja autosuficiente! Sin embargo, usted podría considerar añadir repisas, un estante de alambre y soluciones de almacenamiento en la despensa, tales como estanterías apilables.

Paso uno: Evalúe su espacio

Deberá evaluar cuidadosamente dónde y cómo utiliza actualmente sus gabinetes y cualquier otra repisa de su cocina. ¡Las despensas son los principales lugares para almacenar los artículos que se usan todos los días! Camine por su cocina con un bloc de notas y anote qué artículos guarda y dónde lo hace. Esa caja repleta de cosas innecesarias que pasará meses en un estante hasta que lleguen las próximas vacaciones no merece tener un espacio privilegiado en la despensa. Además, sus alacenas no tienen que contener solo platos y vasos.

Después de hacer un inventario de su cocina y del espacio que tiene, revise cada artículo y determine la frecuencia con la que lo usa. Si usted realmente recurre a las nueces picadas cada mañana porque le encantan con el desayuno, entonces manténgalas afuera y disponibles. Pero si solo las usa una vez a la semana para hornear, o incluso con menos frecuencia, considere la posibilidad de trasladarlas a un área a la que se tenga menos acceso.

Paso dos: Deshágase de lo que no necesita

El desorden no es nada de lo que avergonzarse. Todo el mundo lo tiene. Pero cuando usted prepara su cocina para convertirla en una parte crítica de una granja autosuficiente, es hora de hacer una buena limpieza y eliminar todo el desorden actual. Tenga en cuenta que no importa cuánto lo intente, el desorden siempre volverá a aparecer, así que no se desanime si tiene que volver a reorganizar todo en seis meses.

Cuando organice, considere seguir las siguientes instrucciones:

● Guarde solo una de cada cosa que necesita (una taza medidora con capacidad para una taza o solo una cuchara con ranuras).

● Guarde las cosas unas dentro de otras y apílelas (apile los vasos en la alacena y también apile las ollas juntas).

● Pregúntese, "¿tengo algo más que cumpla la misma función?"

u Olvídese del acalorado debate entre tener una ponchera y una jarra para servir o entre tener una arrocera y una olla. Para algunas cosas no se necesita tener un aparato sofisticado o un duplicado. Ahora es el momento de eliminar los aparatos de cocina innecesarios (especialmente aquellos que cumplen una sola función).

● Pregúntese, "¿con qué frecuencia uso esto?"

o Haga pilas para reorganizar su cocina en función de la frecuencia con la que usa los artículos. Los artículos de uso diario deben guardarse tan cerca de las encimeras como sea posible o en un lugar al que se tenga fácil acceso. Los artículos de uso semanal se deben poner en los espacios periféricos y los de uso mensual deben ir a un lugar donde estén escondidos o fuera de la vista.

• Pregúntese, "¿cuál es el lugar más lógico para guardar este artículo?"

o Asegúrese de que los utensilios más usados estén donde más los necesita, como cerca de la estufa. Luego considere mantener las cosas que sean similares juntas, en el lugar donde mejor sirvan a su propósito.

Deshacerse de lo que no necesita y reorganizar no se trata de tirarlo todo a la basura. Se trata de asegurarse de que lo que usted tiene está a mano o almacenado lógicamente.

Paso tres: Organice todo, incluso el almacenamiento de alimentos

Ante de que guarde todo lo que estuvo revisando en el paso anterior, marque los armarios, las alacenas y la despensa con lo que le gustaría poner allí. Lo ayudará a evitar que se arruine el sistema de organización y a devolver las cosas al lugar donde siempre estuvieron. No tenga miedo de dejar las cosas en la encimera si realmente las usa todos los días. Así que si usted hace arroz todos los días para la cena, ¡deje el contenedor de arroz en la encimera!

Consejos para organizar

• Almacene los alimentos secos en recipientes o contenedores grandes y transparentes para que usted vea fácilmente la cantidad que tienen.

• Si usted compra a granel, entonces mantenga un "contenedor de cocina" en la cocina y guarde el resto en un área de almacenamiento para los productos que compre a granel.

• Mantenga juntos los artículos similares, es decir, las latas van con las latas, los granos van con los granos, los frijoles van con los frijoles y así sucesivamente.

- Mantenga una lista de inventario impresa en una tabla sujetapapeles colgada en algún lugar fácil de ver cuando usted esté en la cocina. Luego, cuando haya usado todo menos lo último de algo, agréguelo a la lista de compras, la lista para preparar más de ese producto o la lista para volver a planear su plantación. De esta forma no se reducirá la cantidad tan rápidamente.

- No tenga miedo de almacenar cosas en diferentes lugares. Por ejemplo, si usted usa miel todos los días, pero la compra a granel, entonces mantenga el suministro a granel guardado y una cantidad suficiente para que le dure toda la semana en la cocina, donde pueda acceder a ella fácilmente.

- Añada estantes de pared. Con esto, inmediatamente se añade espacio de almacenamiento, y si usa frascos o contenedores, esta solución de almacenamiento también puede tener un aspecto bastante elegante.

- Añada almacenamiento apilable en su despensa. Con estantes apilables para la alacena o con cajones apilables, usted puede casi duplicar el espacio de la despensa.

Cuando trabaje en su cocina, puede que necesite reorganizar las cosas unas cuantas veces antes de encontrar un sistema completo que funcione para usted. Si en ese momento usted no está seguro de la frecuencia con la que usará algo o necesitará acceder a él, utilice notas adhesivas. Ponga notas adhesivas en los objetos y luego quítelas cuando los haya usado. Al final de la semana, todo lo que no tenga una nota adhesiva merece un lugar privilegiado. Luego, repita el proceso durante el mes con un color diferente de notas adhesivas al de los artículos ya aprobados, para que no confunda sus artículos más usados con los que utiliza con frecuencia. Esto también puede hacerlo para facilitar la administración de la rotación del almacenamiento.

Eventualmente, su cocina se convertirá en el centro de su granja autosuficiente. No tenga miedo de hacer cambios al sistema si le van a ayudar a rastrear y monitorear mejor el inventario y acceder fácilmente a todos los utensilios de cocina.

Capítulo 7: Coseche y preserve los frutos de su trabajo

Incluso con excelentes habilidades de planificación, no hay manera de que usted pueda comer todo lo que sale de su huerto o de su gallinero a diario. Si se tiene en cuenta que las gallinas probablemente pondrán un huevo cada día, y que usted probablemente tendrá entre cuatro y seis gallinas, se tendría que comer de cuatro a seis huevos al día. Esa es una receta rápida para tener el colesterol alto y una dieta aburrida. Sin embargo, usando métodos modernos y tradicionales de conservación de alimentos, usted puede asegurarse de que su despensa y refrigerador estén abastecidos con sus productos favoritos todo el año.

Las técnicas de conservación de alimentos caseras han sido probadas y evaluadas. Cientos de generaciones han utilizado algunas de estas técnicas en el pasado y han vivido para contarlo. Aunque a usted le parezcan nuevas, o incluso completamente extrañas, deles una oportunidad. Aprenderá que algo que antes le parecía aterrador es en realidad una actividad en la que usted es bueno. El enlatado, por ejemplo, asusta a mucha gente debido al riesgo de botulismo y otras enfermedades derivadas de un enlatado inadecuado. Sin embargo, el proceso de enlatado es muy fácil y probablemente lo haga bien en su primer intento. Por lo tanto, dele una oportunidad a estas opciones y aproveche cada una para conservar su comida el mayor tiempo posible.

Para comenzar, aquí hay una lista de diferentes formas de almacenar y preservar los alimentos:

• Enlatado: se usa una combinación de presión e interacción natural entre los materiales.

• Congelación.

• Deshidratación: se trata de simplemente correr aire de tibia a caliente alrededor de frutas, verduras y carne para producir versiones secas.

• Bodega de raíces: originalmente se trataba de una estructura subterránea, aunque las versiones modernas incluyen cobertizos y estructuras sobre el suelo, lo que proporciona una condición fresca y semihúmeda similar a la del cajón de vegetales de su refrigerador.

• Encurtido: se trata de la conservación en vinagre o salmuera.

• Mermeladas y jaleas: cuando no se abren, las mermeladas caseras pueden durar entre uno y dos años en una repisa.

• La salazón de carnes: la carne puede durar entre uno y dos meses cuando es salada, incluso sin refrigeración. La salazón de carnes es un método antiguo de almacenamiento de alimentos.

• Fermentación: se trata del proceso de utilizar la levadura o el grano para cultivar bacterias beneficiosas y prolongar la vida de los alimentos. Ejemplos comunes de alimentos fermentados incluyen el chucrut y el kimchi. Los alimentos fermentados almacenados en un lugar fresco y oscuro pueden durar entre 4 y 18 meses.

• Kéfir de agua (o tíbicos): es un cultivo probiótico que dura entre dos y tres semanas en el refrigerador y hasta dos meses en el congelador.

• Kéfir: se trata de leche fermentada parecida al yogur que dura entre dos y tres semanas en la nevera o hasta dos meses en el congelador.

• Tasajo o cecina: se trata de carne deshidratada, la cual normalmente se preserva en buen estado entre una o dos semanas.

- Salchichas y hamburguesas: son más fáciles de congelar y almacenar en porciones de tamaño razonable.

Si alguna de estas se destaca como una opción razonable, entonces es hora de incluirla en el plan de su granja autosuficiente. A continuación se explican en detalle las opciones más populares de preservación y almacenamiento de alimentos para una granja autosuficiente.

El enlatado

Enlatar comida implica aplicar calor a los alimentos mientras están sellados dentro de un frasco, lo que destruye a los microorganismos que de otra manera llevarían al deterioro de los alimentos. Se debe utilizar una técnica de enlatado adecuada. Dos técnicas muy utilizadas para lograr un enlatado adecuado son el enlatado al baño maría y el enlatado a presión. Otras técnicas no son fiables y pueden poner en peligro la seguridad de los alimentos. En cualquier caso, con el enlatado es importante no cerrar completamente los anillos alrededor de las tapas, ya que puede resultar en que la lata parezca estar sellada cuando, de hecho, no lo está. Cierre bien los anillos y luego dé un suave empujón para aflojarlos un poco.

Enlatado al baño maría

El enlatado al baño maría es donde la mayoría de los granjeros autosuficientes comienzan porque todo lo que se necesita es una olla grande, una tapa y una repisa. Para lograr un enlatado efectivo al baño maría, usted deberá colocar los frascos con las tapas puestas en una olla con agua hirviendo hasta que el interior de los frascos alcance los 100 grados centígrados. El tiempo que los frascos deben permanecer a esa temperatura varía según lo que se esté enlatando. Este método funciona sumamente bien para la fruta, los pepinillos, los tomates y otros alimentos muy ácidos.

Enlatado a presión

En el caso del enlatado a presión, se necesita equipo específico llamado envasadora a presión. La envasadora a presión crea un compartimento cerrado lleno de vapor y empuja la temperatura interna de los frascos a los 115 grados centígrados. Al mismo tiempo, aplica una presión específica que se basa en el peso dentro del dispositivo. En estos dispositivos, verá un indicador que muestra el peso. Este método es el mejor para las verduras, las aves, el pescado y otras carnes.

El encurtido o escabechado

Aunque exista una forma tradicional de encurtir, debido a los avances recientes, ahora existe el encurtido rápido. Se puede encurtir casi cualquier tipo de vegetal, además de los huevos cocidos. En general, el proceso de encurtir es sencillo. Se colocan las verduras cortadas en frascos de vinagre o en una mezcla de agua, vinagre, sal, posiblemente azúcar y una amplia variedad de especias. La mayoría de la gente usa siempre especias para encurtir, pero también se puede incluir ajo, pimientos, eneldo y más. Luego, guárdelos en el refrigerador.

Si a usted le preocupa más mantener el espacio de su nevera despejado, entonces tendrá que hacerlos pasar por el proceso de enlatado a presión o al baño maría para asegurarse de que estén bien selladas.

Congelar la comida

Congelar comida es mucho más que tirar algo en una bolsa que sea "segura para el congelador". Se debe usar papel para congelar, también conocido como "papel freezer". Se envuelve la carne en papel para congelar y papel de carnicero y luego se sella apropiadamente. Además, usted querrá asegurarse de que está reduciendo la mayor cantidad de exposición al aire posible. Esto se hace porque se trata de aire muy frío y seco que "quema" su comida y provoca una rápida descomposición mientras está en el congelador. Además, asegúrese de no llenar demasiado el congelador porque es necesario que haya un flujo de aire para reducir el daño a los alimentos frescos.

Consejos para congelar alimentos

- Congele la comida en cuando esté más fresca.
- Siempre envuelva los alimentos herméticamente y con varias capas antes de ponerlos en el congelador.
- Mantenga su congelador lleno, pero no abarrotado.
- Hierva y escalde los vegetales antes de congelarlas.
- Si es posible, almacene todo en bolsas selladas al vacío.

Cuando se congelan las verduras se deben cocinar primero. Esto puede parecer contradictorio, pero solo se deben hervir las verduras durante un máximo de tres minutos y luego sumergirlas inmediatamente en un baño de hielo (escaldado). Esto lleva a las verduras a su estado ideal, y luego cuando se congelan, deberían mantenerse ese estado.

En cuanto a congelar bayas o fruta, el proceso es diferente. Normalmente se puede congelar la fruta sin necesidad de cocinarla o escaldarla. De hecho, la cocción comienza a descomponer inmediatamente las frutas, ya que son mucho más sensibles que la mayoría de los vegetales, especialmente los tubérculos. Sin embargo, es posible que usted tenga que manipular cada fruta de forma ligeramente diferente, porque lo ideal no es solo tirarlas en una bolsa sin más. Lo ideal es colocar las frutas en bandejas, dejarlas congelar completamente y luego ponerlas en el congelador con las capas de protección adecuadas para evitar que se quemen.

A la carne le puede ir muy bien en el congelador, pero de nuevo, las capas son un aspecto importante. El papel para congelador puede hacer una diferencia sustancial en la calidad. Luego debe incluirse otra capa, generalmente de plástico o papel encerado, y finalmente se deben almacenar en un lugar cerrado que sea seguro para el congelador, como una bolsa o contenedor que sean seguros para el congelador.

Lo que usted necesita saber sobre las bodegas de raíces

Hay diferentes tipos de bodegas de raíces y no todas se construyen de la misma forma. El problema particular al que se enfrenta la gente hoy en día es la zonificación y los permisos. Debido a que los sótanos de raíces son tradicionalmente subterráneos y deben ser lo suficientemente altos para que al menos la persona esté agachada con el torso erguido, puede haber dificultades para evitar interferir con las líneas, las tuberías, entre otras, en el patio. Sin embargo, si usted consigue un contratista local, este puede ayudarle a determinar si construir una bodega de raíces en su propiedad es la decisión correcta. Las bodegas de raíces valen la inversión, ya que pueden ayudar a mantener los alimentos frescos y en su estado más natural durante un período prolongado de tiempo.

Las bodegas de raíces son lo que la gente usaba antes de que los refrigeradores se utilizaran ampliamente. Casi todo se puede guardar en una bodega de raíces. Se pueden almacenar alimentos enlatados, productos en tarros, medicinas y productos agrícolas como zanahorias, nabos, papas, calabazas, calabacines y más. El mejor ambiente para una bodega de raíces es de una temperatura entre 0 y 4.5 grados centígrados con entre 85% y 95% de humedad. Como los niveles de humedad son tan altos, hay una pérdida de humedad mínima en los alimentos. Las bajas temperaturas mantienen la tasa de descomposición al mínimo. El resultado es que los alimentos almacenados en una bodega de raíces liberan gas etileno a un ritmo mucho más lento que si estuvieran en cualquier otro ambiente. Ese gas luego se escapa por la ventilación.

Ahora, las frutas y las verduras se deben mantener separadas debido a las drásticas variaciones en el tiempo de descomposición. Cada una libera etileno a diferentes velocidades y almacenarlas juntos puede causar que tanto las frutas como las verduras se deterioren más rápidamente.

Prolongar la vida de los productos lácteos

A menudo, los productos lácteos tienen una corta duración. La mayoría de la leche que se compra en la tienda tiene una vida útil de entre cinco y siete días, mientras que el yogur suele mantenerse en buen estado durante una o dos semanas y el queso puede durar en un congelador entre 6 y 8 meses. Si usted tiene una vaca lechera en casa, vale la pena el esfuerzo de aprender a hacer queso y yogur para aprovechar al máximo la producción de leche.

Es importante mencionar que la pasteurización de la leche no hace que dure más tiempo. La leche pasteurizada normalmente tendrá una duración de una semana o menos, pero la leche orgánica tratada con otros métodos puede durar más tiempo. Un método llamado UHT o ultrapasteurización permite obtener una leche no perecedera que cuando se refrigera adecuadamente dura hasta seis meses. La UHT requiere que la leche se caliente a 138 grados centígrados durante dos o cuatro segundos y luego se enfríe rápidamente hasta los casi 4 grados centígrados, lo que mata cualquier bacteria.

Desafortunadamente, en este momento, no hay una manera infalible de lograr esto en casa. Algunos usan ollas de presión, y otros usan ollas de presión de la marca *Instant Pot,* pero el resultado siempre es el mismo: en el sabor de la leche se nota que fue cocinada porque es muy difícil enfriarla tan rápidamente en casa. En general, es recomendable evitar la ultrapasteurización en casa. Sin embargo, hay esperanza en la comunidad del *homesteading* de que pronto habrá más opciones disponibles para aquellos que quieren producir leche a través del UHT en casa. Tal vez un nuevo aparato o dispositivo que ayude tanto a calentarla como a refrigerarla, pero hasta el 2020, la tecnología aún no está disponible a escala residencial.

Medidas de seguridad para la preservación de alimentos en el hogar

Siempre asegúrese de priorizar la seguridad. Los alimentos enlatados tienen el riesgo de producir botulismo y otras enfermedades, así como el crecimiento inherente de bacterias y hongos. Los encurtidos, cuando no se hace correctamente, pueden llevar a tener verduras agrias y espacio desperdiciado en las repisas. Todos los métodos de conservación de alimentos tienen riesgos, incluso cuando simplemente se ponen las cosas en el refrigerador.

Cuando abra cualquier producto alimenticio que haya estado almacenado por un tiempo, huélalo y examínelo visualmente para buscar signos de disminución de la calidad o de descomposición. Lo ideal es que estos métodos de conservación mantengan sus productos en el punto máximo de frescura por un tiempo o que los conviertan en otro producto alimenticio, como pasar de tener un melocotón fresco a rodajas de melocotón en almíbar. Estos métodos de conservación pueden ayudarle a mantener algunos de sus cultivos en el inventario durante todo el año. Los melocotones son un gran ejemplo porque solo maduran durante el verano, pero con la congelación, el envasado y la fabricación de mermeladas, usted podrá utilizar su delicioso inventario de melocotones durante todo el año.

Explore las diferentes opciones de conservación y decida qué va mejor con su cocina con las áreas dedicadas al almacenamiento. Y si usted busca pasar del nivel inicial del *homesteading* a los métodos más avanzados de almacenamiento y conservación de alimentos, ¡hay muchas más opciones disponibles!

Capítulo 8: Obtenga ingresos con su granja autosuficiente

La mayoría de la gente no comienza una granja autosuficiente con el sueño de ganar dinero con su tierra. De hecho, la mayoría de la gente se involucra en este mundo esperando reducir el monto de sus facturas del supermercado y vivir un estilo de vida más autosuficiente. Pero usted puede hacer realidad el sueño de vivir de su granja autosuficiente. Todos los métodos para obtener beneficios de su granja requieren trabajo y dedicación. Sin embargo, también pueden ser formas muy factibles de hacer dinero con algo que usted ya esté haciendo.

Si usted todavía está en la fase de planificación de la creación de su granja autosuficiente, entonces podría crear un plan de negocios para evaluar las diferentes formas en que la obtención de beneficios podría encajar en los diferentes diseños de la granja autosuficiente. Incluso las personas que trabajan en solo 2.000 o 1.000 m^2 pueden encontrar muchas maneras de obtener ingresos y tener un hermoso huerto al mismo tiempo. Tengan en cuenta que cada granja autosuficiente se enfrentará a limitaciones únicas y la comunidad en donde usted se encuentre podría tener un rol clave en lo que funciona y en lo que no funciona para usted.

Diseñe una marca para su granja autosuficiente

Si usted tendrá algún producto que pueda generar ingresos, necesita tener una marca. Con una marca, la gente podrá asociar su granja autosuficiente y sus productos. Hay innumerables ejemplos de marcas impresionantes en el mundo, pero su marca debe representar su estilo de vida.

Al crear una marca, considere qué valores lo llevaron a comprometerse con el desarrollo de su granja autosuficiente. Compartir la historia sobre cómo se convirtió en una persona que se dedica al *homesteading* y cómo convirtió su granja en un negocio podría ser muy importante para los clientes. Por lo general, los clientes, incluso aquellos que están interesados en los productos orgánicos o de cultivo propio, quieren entender el negocio que hay detrás del producto. Dar a sus futuros clientes un poco de conocimiento sobre su vida y sus valores puede tener un impacto drástico en su negocio.

Lo que se quiere lograr es lo que los comercializadores llaman una "marca orgánica", es decir, una marca que se desarrolla como resultado del significado y el propósito del producto. Esto significa que la marca tiene una voz única, una actitud y un conjunto de puntos de vista sobre la ética y los elementos culturales dentro de la comunidad. Como la persona que vende los productos, usted es quien determinará todos estos aspectos.

Crear una marca no significa que se necesite tener calcomanías personalizadas, tarjetas de presentación, empaques o anuncios cursis. Aunque es agradable poder vender camisetas o tener pegatinas con el logo de su granja autosuficiente o el nombre divertido que le usted le haya dado, no es necesario. Simplemente se necesita una buena actitud, un nombre y una imagen para poner en un puesto en un mercado local de agricultores o en una tienda de artesanía en línea.

No importa cuál sea la plataforma que usted elija o los productos que venda, necesitará diseñar una marca.

Vender sus productos

Vender sus productos es la forma más directa de ganar dinero con la granja autosuficiente. Es una gran manera de deshacerse del exceso de inventario y puede ayudar a reducir el tiempo que la cosecha pasa en los estantes. Si usted sabe que tendrá una cantidad abundante de cosecha cada temporada, entonces no hay razón para no vender lo que no se necesite en su hogar. La parte positiva es que casi todo lo que se cultiva en la granja autosuficiente se puede vender. Siempre que lo que usted venda sea legal en su área, entonces puede ser tan simple como encontrar un mercado local agrícola y llenar una solicitud con los funcionarios de su ciudad o condado. Sin embargo, existen áreas y artículos que tienen restricciones legales.

En este capítulo hablaremos un poco más en detalle sobre las restricciones legales, pero para darle un ejemplo rápido, la leche cruda es una de las cosas que es ilegal vender o distribuir a nivel nacional. Las directrices federales de los Estados Unidos dadas por la Administración de Alimentos y Medicamentos de los Estados Unidos prohíben la venta de leche cruda, así que la solución para poder vender leche sería pasteurizarla. Muchas de las restricciones legales sobre la venta de alimentos o bienes de una granja autosuficiente tienen una solución clara, así que no se desanime si ve que puede haber algunos obstáculos en el camino.

¿Qué vender?

Entonces, ¿qué se puede vender? Usted puede vender casi cualquier cosa, pero aquí le mostramos una larga lista de cosas que están disponibles en casi todas las granjas autosuficientes.

- Vender la producción adicional
- Vender plántulas
- Vender abono y materiales de abono

- Vender estiércol como fertilizante (excrementos de conejo, excrementos de vaca)
  - Vender sus flores
  - Vender huevos frescos de granja
  - Vender pollitos
  - Embotellar y vender leche de cabra
  - Embotellar y vender leche de vaca
  - Vender mantequilla casera
  - Vender cecina
  - Vender hierbas frescas
  - Vender hierbas secas en mezclas de especias prefabricadas
  - Vender aves de corral grandes como gansos o patos para la caza
  - Vender plantas en maceta
  - Hacer y vender pasta o pesto especial

Vender lo que usted produce en su granja autosuficiente es una cosa, pero también puede usarla como una plataforma de venta. Si usted tiene espacio para un huerto de calabazas, sería muy apropiado que coloque una puerta lateral en el huerto de calabazas y cobrar a los vecinos para que escojan la suya. O puede hacer lo mismo durante todo el año con una granja donde la gente de toda la comunidad pueda entrar por una puerta lateral y luego recoger verduras a su gusto. En inglés, estas granjas se llaman "U-pick".

Hay algunos productos que se pueden vender que se consideraría que son especiales de esa granja autosuficiente en particular. Aquí hay algunos ejemplos de especialidades de granjas autosuficientes que no encajan en el molde todas, pero que pueden ser productos accesibles para la suya.

- La miel de sus abejas
- Productos de cera de abejas
- Criar animales para sacrificarlos para otras personas (similar a arrendar un pastizal)
- Pesca in situ (si usted tiene una granja piscícola)
- Peces (si usted tiene una granja piscícola)
- Cebo de pesca (cría de insectos)

● Criar perros de trabajo (se hablará más sobre esto en el capítulo 12)

● Construir huertos verticales

Todos estos artículos son complementos para una granja autosuficiente básica. No todos los granjeros autosuficientes crían abejas, pero aquellos que lo hacen pueden beneficiarse enormemente de su miel y de los productos hechos con cera de abejas. Además, no todo el mundo está involucrado en la acuicultura, pero si usted tiene un estanque de peces, entonces tiene acceso a una mayor variedad de productos que se pueden utilizar para hacer dinero con la granja.

La cría de animales es otra gran manera de ganar dinero con una granja sin vender técnicamente un producto. Lo que se vende en este caso es un contrato de arrendamiento de pastura o de un hato, además del tiempo dedicado a la crianza y el cuidado de los animales. A mucha gente le encantaría tener una vaca o un cerdo criado en casa para consumir carne fresca y orgánica de vacuno y cerdo, pero no tienen espacio o no pueden manejar el mantenimiento del animal. Como granjero autosuficiente, usted está equipado para hacer exactamente eso. También existe la opción de criar animales de trabajo. Por ejemplo, los perros de trabajo no producen carne, pero son excepcionalmente útiles en las granjas y haciendas, y no todos los granjeros tienen la paciencia para criar sus propios perros de trabajo.

Elaboración de productos y artesanías

Probablemente sea una apuesta segura decir que si usted puede construir y mantener una granja autosuficiente, también podría ser bastante bueno para las manualidades y artesanías. La elaboración de productos y artesanías es uno de los elementos más divertidos del *homesteading*, pues se toman materias primas o los materiales sobrantes y se convierten en algo completamente suyo. Este también es un elemento de la autosostenibilidad de una granja, donde se puede necesitar, por ejemplo, construir un gallinero en lugar de comprar uno. Cuando usted se dedica a la elaboración de productos y artesanías, hace mucho más que vender materia prima.

Para obtener un ingreso extra de su granja autosuficiente, venda los siguientes productos:

- Mermeladas, jaleas o conservas.
- Velas.
- Humectantes labiales u otros artículos hechos con cera de abejas.
- Sus propios productos para el cabello y la piel hechos con ingredientes totalmente naturales.
- Jabones caseros.
- Carnada de pesca hecha con plumas de pollo.
- Diferentes piezas de mobiliario o decoración del hogar hechas con madera reutilizada.
- Proyectos de ganchillo o tejido de punto.
- Edredones y otros lujos del estilo de vida sencillo.

Esta lista no es exhaustiva y usted puede añadir casi cualquier cosa que se le ocurra si la puede hacer en su granja autosuficiente o cocina. La idea, por supuesto, es usar los productos que usted ha creado en su granja autosuficiente para generar ingresos con un poco de ingenio creativo. Por ejemplo, los productos caseros para el cabello y la piel tienen un gran mercado en páginas web como Etsy porque la gente quiere alternativas a los productos llenos de químicos que se encuentran en los estantes de las tiendas. Por supuesto, casi todo en esta lista implica una habilidad que usted posiblemente necesite aprender. Habilidades como la fabricación de velas o jabones se han perdido en los últimos dos siglos. Sin embargo, una vez que usted aprenda a hacerlas, podrá repetir el proceso una y otra vez para seguir generando ingresos con ese mismo conjunto de habilidades.

Ferias especializadas y de artesanías

Todas las plataformas que se enumeran en la siguiente sección son opciones para vender productos caseros. Los mercados de productores permiten la venta tanto de productos hechos en casa como de materia prima. Pero hay una plataforma de venta única que está disponible para los productos hechos en casa que no se aplica normalmente a los productos crudos y a las materias primas. Las ferias especializadas y de artesanías suelen tener lugar en determinadas épocas del año y son la oportunidad perfecta para montar un stand y vender sus productos durante algunos días. Las ferias especializadas, como las ferias del renacimiento, son oportunidades adicionales. Si usted puede hacer señuelos de pesca o edredones, entonces tendrá un sitio en la mayoría de las ferias especializadas que puedan ir a su condado.

Las leyes sobre alimentos caseros

Aunque inicialmente parece que las leyes sobre alimentos caseros son restrictivas y problemáticas, son mucho más indulgentes que los reglamentos a los que se enfrentan los propietarios de pequeñas empresas. Las leyes sobre comida casera permiten a la gente vender comida casera al público sin tener que pasar por un proceso extenso de concesión de licencias. El objetivo principal es comprender los requisitos federales y saber qué alimentos requieren etiquetado y cuáles están totalmente prohibidos. Estas leyes varían de un estado a otro.

Pero sobre todo, las leyes sobre alimentos caseros describen qué alimentos necesitan ser refrigerados, cómo procesar los alimentos enlatados y otros elementos relativos a la descomposición. No se permite producir algunas comidas en una cocina casera porque suponen riesgos muy específicos para la salud. Sin embargo, con algunos permisos o ciertas licencias, es posible que se puedan vender en los mercados de productores o a través de plataformas similares.

Siempre asegúrese de investigar a fondo las leyes sobre alimentos caseros en su estado.

Enseñar y compartir sus experiencias

En el capítulo 11 se explicará cómo compartir sus experiencias de aprendizaje y cómo pueden convertirse en algo provechoso. Por ahora, repasaremos los fundamentos de la enseñanza y el intercambio de experiencias como algo de lo que se puede sacar provecho, además de las muchas formas diferentes de hacerlo. Usted tiene la opción de iniciar un blog, dar clases o incluso involucrarse con los vecinos locales que quieren aprender a desarrollar una granja autosuficiente. El verdadero elemento a considerar aquí es que no se debe dudar en cobrar por su tiempo; aunque usted no esté vendiendo un producto en sí, está vendiendo un conjunto de habilidades.

Ayude a otros a aprender a través de cursos o clases

Cuando esté comenzando, usted debe sentarse a establecer cuidadosamente lo que se debería lograr en cada clase. Después de determinar lo que se logrará en cada una, deberá determinar cómo comunicará la información y qué actividades o ejercicios proporcionará para ayudar a desarrollar esa habilidad o conocimiento en particular. Se trata de escribir un plan para el curso y múltiples planes de lecciones. En internet se pueden encontrar muchos planes de lecciones diferentes que pueden servir como ejemplos.

Si usted da cursos o clases sobre el *homesteading*, tiene que pensar cuidadosamente en el entorno de aprendizaje. Por ejemplo, si está dando cursos y cobrando dinero, puede que la cocina de su casa no sea adecuada, por lo que es posible que tenga que utilizar una cocina comunitaria o una cocina de grado comercial porque, en algunos municipios, hay requisitos estrictos del código de salud. Cuando trabaje o imparta clases en su propiedad, usted debería adoptar las medidas necesarias para garantizar que el terreno sea seguro y que el riesgo de lesiones sea mínimo. Además, es posible que necesite alquilar temporalmente una cocina de grado comercial donde pueda impartir clases de cocina en un entorno seguro para los alimentos.

¿Dónde vender?

Conseguir el lugar exacto donde se pueden vender los productos puede ser un poco complejo, ya que los gobiernos locales tienen leyes y restricciones diferentes. En general, usted debería poder vender la mayoría de sus bienes en un mercado de productores. Es una buena idea diversificarse y asistir a múltiples mercados de productores, ya sean locales o en otras ciudades. Sin embargo, si usted va más allá de los mercados de productores, tendrá opciones para vender en línea y podrá abrir una pequeña tienda si le parece rentable, o podrá vender desde su propia casa si puede gestionar el proceso de ventas en su zona.

Los mercados de productores

Estos mercados están destinados específicamente a artículos cultivados y producidos localmente. Los mercados de productores son legales, y a nivel federal, el gobierno los ve como una forma de promover la agricultura regional y asegurar un suministro de productos frescos y locales para los residentes. Por lo general, los mercados de productores se limitan a los pequeños agricultores familiares y a los granjeros autosuficientes, ya que estos no tienen la oportunidad de vender en las grandes cadenas de supermercados. Existen restricciones al establecerse en un mercado de productores. No se permite la intervención de un intermediario o un consignatario; si una ciudad le dice que lo necesita, entonces no se ajustan a la ley federal. Existe la posibilidad de que un agente del condado o un agente federal visite su tierra para asegurarse de que lo que está vendiendo en el mercado fue cultivado o producido por usted mismo. Por lo general, los mercados de productores tendrán un comité integrado por una combinación de productores y consumidores que harán cumplir las normas y políticas específicas de esa asociación.

Tiendas personales en línea

Puede ser difícil empezar, pero a largo plazo, suele ser más fácil vender productos en línea que llevar una tienda pequeña. Una tienda personal en línea requerirá un sitio web y el uso de un facilitador de comercio electrónico como Shopify o Magento. Aunque puede parecer complicado al principio, con un consultor o un amigo que sepa del tema se puede crear un sitio web por menos de unos pocos cientos de dólares en solo un par de horas. Los sitios web no son tan caros como solían serlo y no son tan complicados de crear como la mayoría de la gente cree. Una vez que se configura la tienda en línea, es tan fácil como hacerle mantenimiento básico para asegurar que los productos que usted tiene disponibles también estén disponibles en línea para que los clientes los vean. Sin embargo, debe tener mucho cuidado con lo que ponga a la venta en internet, ya que puede haber restricciones de las leyes de alimentos caseros y en la forma en que envían ciertos artículos de manera segura.

Plataformas en línea de artesanías y productos hechos en casa

Plataformas como Etsy, Aftcra, Artfire, Cratejoy y Absolute Arts permiten a la gente vender productos hechos a mano por internet. El uso de plataformas de artesanía en línea o de productos hechos en casa puede ser una forma mucho más sencilla de pasar a la venta de productos en línea sin tener su propio sitio web. Estas plataformas toman un pequeño porcentaje de lo que usted gana y pueden tener tarifas adicionales de envío y otros servicios. Explore cuáles plataformas le interesaría utilizar e investigue cuidadosamente sus tarifas y acuerdos de usuario. Por ejemplo, Etsy permite a los vendedores comerciar alimentos y artículos comestibles siempre y cuando cumplan con las regulaciones gubernamentales. Su "Manual del vendedor" ofrece información específica sobre cómo vender, enviar y empaquetar alimentos de forma que se cumplan las regulaciones del gobierno federal.

Vender directamente desde casa

Para los negocios desde casa, existen unas cuantas dificultades únicas. Primero, cada condado puede establecer sus propias restricciones. Segundo, cada condado y estado puede tener diferentes requisitos de permisos y, finalmente, se le puede exigir que tenga ciertas pólizas de seguro, como el seguro de responsabilidad civil. Cuando se venden alimentos o productos directamente en casa, es necesario registrarse como empresa. Además, tendrá que revisar la legislación de su ciudad, condado y estado para determinar si hay permisos que usted necesita para que pueda vender desde su residencia. Por ejemplo, en California, uno de los estados más restrictivos, necesitará un tipo de permiso para vender directamente desde su casa y en los mercados de productores, y un permiso diferente si planea vender a través de las plataformas en línea y en otros lugares como una tienda o restaurante local. Adicionalmente, se le pedirá que proporcione información sobre todos sus ingredientes, sus recetas y de dónde obtiene los ingredientes. Usted también tendrá que hacer etiquetas para cada producto que venda. Muchas de las personas que se dedican al *homesteading* venden productos directamente desde su puerta principal porque su ciudad o condado puede tener una amplia variedad de excepciones disponibles para si solo se comercia materia prima. Por ejemplo, también dentro de California, los productores de alimentos crudos no procesados necesitan solamente un certificado de productor certificado en lugar de un puñado de permisos y controles regulares del inspector de salud pública.

¿Cómo construir una granja autosuficiente rentable?

Ya sea que usted aún esté en la fase de planificación de su granja autosuficiente o que haya tenido una exitosa durante algunos años, puede comenzar con revisar la siguiente lista básica para hacer que su granja autosuficiente sea más rentable.

- ¿A qué fuentes de ingresos puede tener acceso desde su granja autosuficiente (o los planes de ella) sin cambiar nada?
- ¿Qué recursos están disponibles?
- ¿Necesitará recursos adicionales?
- Defina a su clientela (idealmente, ¿a quién quiere venderle?)
- Identifique las necesidades de los clientes (por ejemplo, si quieren opciones orgánicas, si están tratando de alejarse de las grandes tiendas, etc).
- ¿En qué se diferencia su producto?
- ¿Cómo fijará los precios?
- ¿Necesitará tener presencia en línea, estar presente en la comunidad, o ambas?
- Escriba su plan de negocios.

Esta lista lo ayudará a guiarse en el proceso de establecer sus opciones y, eventualmente, crear una granja autosuficiente con oportunidades de obtener ganancias. Es importante hacer un plan de negocios, incluso si en el futuro usted decida que solo preparará alimentos caseros, ya que ese documento servirá para ayudarle a tomar decisiones y establecer objetivos.

Por último, es importante asegurarse de que la autosuficiencia de su granja sigue siendo el propósito con la máxima prioridad. Si usted está vendiendo tantos productos como para que su granja autosuficiente se comience a marchitar, entonces no tiene un modelo sostenible, y puede que tenga que reducir su base de clientes o ampliar el alcance de sus operaciones y convertirse en un negocio más grande. Muchas granjas autosuficientes son rentables en otras formas que van más allá de simplemente vivir de su propiedad. La etapa de planificación es el momento ideal para explorar cómo puede combinar el *homesteading*, sus pasatiempos y la oportunidad de generar más ingresos en su hogar.

Capítulo 9: 8 recursos a tener en cuenta

¿Cómo y dónde puede empezar? Sin dudas es difícil reunir el dinero necesario para comprar equipo, semillas, pollos y materiales para construir un gallinero y jardineras, pero es posible hacerlo. Hay muchos recursos disponibles para ayudarlo a empezar; algunos son financieros y otros lo ayudarán a adquirir experiencia y habilidades.

Hay cuatro elementos clave que usted querrá tomar en cuenta cuando busque recursos de alta calidad. Primero, asistencia en traslados y trabajo. Aunque no mueva maquinaria pesada, usted posiblemente armará muchas jardineras, construirá un gallinero o plantará árboles; y estas no son tareas que una persona pueda hacer por su cuenta. Cuanta más ayuda tenga, es más probable que pueda desarrollar diversas habilidades. Es posible que los trabajadores que encuentre a través de los sistemas de voluntariado no tengan experiencia o que, por el contrario, tengan años de experiencia en el área y ahora se ofrezcan a ayudar como pasatiempo durante su jubilación. Sin importar cuál sea el caso, siempre acepte la ayuda con gusto.

Segundo, necesita tener el apoyo del condado o posiblemente de la ciudad. Algunas ciudades y casi todos los condados tienen restricciones sobre lo que está permitido hacerse en el patio trasero de las propiedades. Podría parecer indignante que cualquier oficina gubernamental dentro de los Estados Unidos pueda decidir lo que usted puede o no puede hacer en su propio terreno. Sin embargo, hay algunas explicaciones muy razonables acerca de por qué no se puede excavar en ciertas áreas, construir en otras, o incluso tener pollos. Por ejemplo, los pollos son ruidosos, y si su ciudad tiene una restricción de ruido en su vecindario debido a los otros residentes, esto puede significar que los pollos no son una opción disponible. Es posible que no pueda cavar líneas para los canales o sistemas de agua debido a las tuberías de gas o a las líneas de electricidad enterradas. Estos obstáculos pueden estar presentes en su vecindario, por lo que usted debe comunicarse con su ciudad o condado y obtener los permisos necesarios.

En tercer lugar, hay que buscar exenciones para las granjas, créditos de impuestos sobre la propiedad y otros elementos fiscales. Si usted obtiene algún tipo de ingresos de su tierra, entonces puede que necesite calcular sus ingresos y pagar impuestos sobre esos ingresos. Asimismo, si usted comparte con su comunidad los productos o beneficios que obtiene, podría tener acceso a algunas exenciones o deducciones de impuestos. Si su propiedad se convierte en su negocio, puede tener la posibilidad de desgravar de los impuestos ciertos equipos. Lo mejor es encontrar los recursos necesarios para averiguar cuáles de estas opciones están disponibles para usted. Cuando se trata de impuestos y administración financiero, nada se compara con consultar a un contador público certificado. Aunque usted tenga las habilidades y los recursos para manejar las finanzas por su cuenta, siempre esté dispuesto a contratar a un contador público en caso de que el negocio se expanda o comience a obtener ingresos significativos.

Por último, están los recursos que lo ayudarán a decidir por dónde empezar. Aunque esta guía es muy completa, podría ser útil tener algunos recursos locales disponibles cuando se necesite un poco más de orientación. Además de obtener ayuda local para comenzar, también encontrará el apoyo necesario durante estos tiempos difíciles dentro de la comunidad del *homesteading*. Estos recursos le darán apoyo emocional y así tendrá a alguien que intervenga y le diga: "sí, ¡puedes hacerlo!".

Así que, ahora explicaremos un poco más cada recurso. Tome en cuenta que algunos están muy actualizados en lo que respecta a información sobre las técnicas avanzadas y la aplicación de los sistemas modernos, mientras que otros recursos solo se refieren a los métodos tradicionales o sirven de apoyo para aquellos que tienen una granja autosuficiente tradicional. Es vital que mantenga sus opciones abiertas, ya que puede llevar un tiempo encontrar los recursos adecuados para su mini granja.

Encuentre ayuda con el trabajo y para el desarrollo de un conjunto de habilidades

La organización Oportunidades en Granjas Orgánicas a Nivel Mundial (en inglés, World Wide Opportunities on Organic Farms o WWOOF) ayuda a los agricultores nuevos a conectarse con voluntarios locales. Estos voluntarios pueden variar enormemente en el nivel experiencia, pero a menudo habrá un intercambio de educación y cultura mientras trabaja con ellos. Puede que mucha gente dentro de su comunidad esté feliz de participar en un proyecto y literalmente se arremangue la camisa para comenzar a trabajar.

Los voluntarios de WWOOF normalmente viven con el anfitrión por un corto tiempo, lo que les permite experimentar la vida como granjero. Para usted, eso puede significar tener visitantes en su casa que realmente quieran conectarse con su tierra y apoyar un cambio en la forma en que vemos y cultivamos nuestros alimentos.

Para participar, usted debe inscribirse en WWOOF como anfitrión y luego publicar un anuncio que estará en el sitio web donde los voluntarios podrán verlo. Ellos responden a través de la página web y luego WWOOF lo contactará a usted. No es como Craigslist, donde cualquiera puede contactarlo o ver su información. En WWOOF se preocupan por motivar a las personas para que lo intenten y se aseguran de que el proceso sea lo más seguro posible. Todos los voluntarios pasan por un proceso de postulación minucioso y no todos entran en el programa. Además, la mayoría de las quejas llevarán una suspensión inmediata o incluso a una terminación permanente de la membresía. Adicionalmente, usted siempre tendrá la opción de hacer entrevistas exhaustivas antes de aceptar a un candidato de WWOOF.

Otra forma de encontrar personas con ideas afines que apoyen a las granjas locales es a través de las sucursales locales del 4-H, una organización juvenil administrada por el Instituto Nacional de Alimentos y Agricultura, o a través de los grupos FFA, otra organización nacional juvenil enfocada en el desarrollo profesional y técnico en áreas relacionadas con la agricultura. Aunque suelen ser mucho más jóvenes, usted puede colaborar con los líderes de los grupos para contribuir con su comunidad y con los futuros granjeros o entusiastas de la agricultura mientras también apoya a las sucursales locales de las organizaciones.

Para obtener ayuda a través de su comunidad inmediata, usted también podría tocar a la puerta del centro comunitario local. A menudo, estos centros pueden ayudar a que se reúnan adultos con intereses afines. Tenga en cuenta que en este tipo de comunidades con frecuencia se espera que se dé algo a cambio. Por ejemplo, usted podría planificar parte de un proyecto 4-H con su mini granja y seguir trabajando como voluntario adulto dentro de la organización.

Asistencia del Departamento de Agricultura de los Estados Unidos y del Instituto Nacional de Alimentos y Agricultura (NIFA)

La Oficina de Extensión Cooperativa ofrece ayuda con asistencia local e individual para todo lo relacionado con la investigación, la aplicación práctica y más. Durante mucho tiempo, el Instituto Nacional de Alimentación y Agricultura (NIFA) ha sido líder en la investigación de la agricultura en Estados Unidos. Esto significa que estudian diferentes métodos de desarrollo, cultivo de la tierra y otras cosas que conducen a una cosecha abundante. Mientras trabajaban con el Departamento de Agricultura de los Estados Unidos, estas dos autoridades crearon el Sistema de Extensión Cooperativa. El sistema sirve para transformar las investigaciones del Instituto Nacional de Alimentación y Agricultura en aplicaciones prácticas que los agricultores y ganaderos de todas las escalas pueden utilizar.

Usted puede obtener más información y averiguar qué tipo de apoyo monetario o informativo está disponible en su área contactando con la oficina del Sistema de Extensión Cooperativa (el CES en inglés) de su condado. No solo dan acceso a subvenciones y ayudas de financiación, sino también a oportunidades educativas. Aunque no hay créditos de educación formal que se puedan obtener a través del CES, usted puede aprender información valiosa de estos grupos. Han operado durante más de 100 años y ayudan a las familias, las comunidades, los agricultores y los ganaderos a construir sistemas sostenibles dentro de sus granjas, huertos comunitarios y más.

Subvenciones y financiamiento

Cuando se calculan los costos totales que implican la construcción de una granja autosuficiente, incluso si es en su patio trasero, estamos hablando de unos cuantos miles de dólares. El promedio de los costos iniciales durante los primeros dos años es de unos 5.000 dólares. La mayor parte de esos costos se producen en los primeros meses cuando se construye el gallinero, se compran semillas, se adquieren equipos o materiales de almacenamiento y se compran pollos. Ahora, esos costos se suman a todas sus facturas actuales, porque usted aún no está ahorrando dinero en víveres o productos que pueda cultivar en casa, en lugar de comprarlos en la tienda. La mayoría de la gente, incluso aquellos que viven de cheque en cheque, puede conseguir 5.000 dólares en el transcurso de dos años. Sin embargo, hay muchas maneras de ayudarlo a obtener fondos para las inversiones iniciales. Normalmente se dispone de subvenciones y otras formas de financiación para ayudar a cubrir los costos iniciales en parte o por completo, cosa que de otra manera podría disuadirlo de iniciar su granja autosuficiente.

En la página web grants.gov se ofrece apoyo en forma de pequeñas subvenciones agrícolas, particularmente si se busca comprar un terreno y equipo. El Departamento de Agricultura de los Estados Unidos (USDA en inglés), también ofrece subvenciones especializadas y pequeños préstamos. Por ejemplo, si pedir un préstamo para iniciar su mini-granja ahora es parte de su plan, entonces debe buscar los que ofrecen las mejores facilidades de pago del préstamo. Un préstamo de la Agencia de Servicios Agrícolas (FSA en inglés) le permitiría utilizar el préstamo para comprar tierra, equipo, ganado, suministros, semillas y pienso. También hay programas de asistencia de préstamos y subvenciones para el desarrollo rural que pueden ayudar con cosas como la construcción de instalaciones y servicios comunitarios. Por último, existe la oportunidad de entrar en la Agencia de Servicios Agrícolas para Agricultores y Ganaderos Principiantes del Departamento de

Agricultura de los Estados Unidos. Este programa provee una parte sustancial del apoyo que se presta a la propiedad agrícola en garantía a través de fondos de préstamos operativos dados directamente a los agricultores y ganaderos principiantes. No hay restricciones relacionadas con la cantidad de propiedad que usted tenga disponible, por lo que puede solicitarla mientras utilice un patio trasero para su granja autosuficiente.

Sustainable Agriculture Research and Education (SARE o Investigación y Educación sobre Agricultura Sostenible) ofrece listas de subvenciones que suelen proceder de relaciones comunitarias o de instituciones educativas.

Recursos para obtener información acerca de la agricultura sostenible

Cuando se trata de encontrar información sobre agricultura sostenible, es fácil perderse en el gran mar de información (o desinformación) que hay allí afuera. Aunque este libro sirve como guía, no podemos cubrir todos los obstáculos con los que se topará en sus primeros años de *homesteading* en su patio trasero. Sin embargo, podemos ayudarle a encontrar recursos que son producto de años y años de investigación y estudios para que pueda acceder rápidamente a información fiable. El Centro de Información de Sistemas Agrícolas Alternativos del Departamento de Agricultura de los Estados Unidos (USDA) es uno de los líderes en proveer información relacionada con sistemas alimentarios sostenibles en la agricultura. Se les reconoce como la principal autoridad en todo lo relacionado con la agricultura sostenible, desde la acuicultura hasta el apoyo a la agricultura comunitaria. Son un gran recurso, pero puede ser un poco difícil navegar por su sitio web. Si usted desea utilizar su información con frecuencia, puede marcar como favoritas las páginas más frecuentadas o añadirlas a los marcadores en el teléfono o en el navegador de internet.

El sitio web beginningfarmers.org es otro recurso primario para los agricultores principiantes. El sitio web, con un nombre muy apropiado ("granjerosprincipiantes.org" en español), se mantiene al día con los desarrollos más recientes de la agricultura y la agricultura a pequeña escala. Es un gran lugar para encontrar noticias y obtener respuestas a preguntas para cosas como conseguir ayuda en caso de emergencias o dónde encontrar un curso de capacitación para principiantes en su área. También tienen un foro para ayudar a la gente a encontrar trabajos agrícolas y pasantías. Si usted está dispuesto a pagar por la mano de obra, es un gran lugar para publicar una vacante y encontrar gente con interés genuino en la agricultura.

El sitio web del USDA tiene muchos tutoriales para los que se dedican a la agricultura a pequeña escala. Es un gran lugar para encontrar con videos y tutoriales confiables de DIY ("hágalo usted mismo" en español) que se pueden seguir fácilmente. Con la biblioteca de video del USDA, cuyo contenido proviene de la Biblioteca Nacional de Agricultura, usted pude encontrar toneladas de videos para mantener su agricultura orgánica y otros elementos que implican la expansión de su mini granja, como la acuaponía.

Cuando se trabaja con la agricultura, es importante saber qué recursos son fiables y se ajustan a su estilo de agricultura. Con estos recursos, usted no debería tener problemas para encontrar la información que necesita, además de que puede volver a consultarlos una y otra vez. Lo importante es que entienda que hay muchos recursos disponibles. Es muy frecuente que las personas sientan que el *homesteading* es una experiencia aislada e individual, pero está claro que hay muchas comunidades y muchos sectores del gobierno que ofrecen apoyo a los ciudadanos. Cuando empiece a trabajar en la granja autosuficiente, tenga en cuenta que no está solo. Sepa que si necesita ayuda, puede obtenerla, y probablemente pueda obtenerla con bastante facilidad. Manténgase al tanto de estos recursos mientras planifica la forma en que comenzará su granja autosuficiente. No tenga miedo de solicitar subsidios o financiación solo porque está construyendo su granja en el patio trasero. Además, no tenga miedo de ver los video tutoriales o de leer la información que está dirigida a aquellos que tienen granjas autosuficientes mucho más grandes, pero que usted podría adaptar a la suya.

Capítulo 10: Cuidado y mantenimiento

El cuidado y el mantenimiento continuo son obligatorios. Usted siempre debe pensar y prepararse para la próxima temporada. Eso significa ocuparse de los jardines, rotar el ganado y hacer mantenimiento a las estructuras. Es muy importante considerar el clima y las condiciones meteorológicas.

El *homesteading* es un proceso que siempre está en marcha, lo que significa que no importa el clima o si usted está enfermo, hay que ciertas cosas que deben hacerse para mantener el nivel actual de éxito. Como usted todavía está en la fase de planificación, puede tener más cuidado ahora para desarrollar una propiedad de bajo mantenimiento. Cuando se tienen menos demandas relacionadas con el mantenimiento, se podrá dedicar ese tiempo a tareas más productivas.

El cuidado de los huertos

Cuando se trata del mantenimiento del huerto, usted tendrá que preocuparse por la maleza, el mantillo y el fertilizante. Desmalezar es muy sencillo. Si usted ve algo no deseado creciendo en su jardín, quítelo. Sin embargo, la mejor manera de asegurar un desmalezamiento de bajo mantenimiento es colocar un mantillo o acolchado adecuado. El mantillo consiste en usar un material que cubra el suelo para evitar el crecimiento de la maleza y reducir la pérdida de agua. Las opciones orgánicas incluyen paja, recortes de césped, hojas y periódicos. Sin embargo, muchas personas optan por utilizar corteza o virutas de madera que tienen un tratamiento químico.

Es cierto que la fertilización contribuye a la salud general de las plantas, pero como medida de mantenimiento, también promueve la buena salud del suelo. La mayoría de las plantas, cuando se las cuida adecuadamente, no duran más de dos años. Si bien es importante cuidar la planta, también es importante cuidar el suelo. Para fertilizar, puede utilizar opciones orgánicas como algas líquidas, harina de alfalfa, humus y abono. En el caso de opciones no orgánicas, puede utilizar cualquier fertilizante disponible en las ferreterías o tienda de artículos para el hogar.

Cuando se trata de los meses de invierno, usted debe asegurarse de que tiene protección para sus plantas. Si vive en un área donde el suelo se congela, podrías considerar el uso de un cable calefactor. Además, si vives en una zona donde hay veranos duros, debería considerar el uso de sombrillas o toldos para proteger sus plantas durante los días más soleados y secos.

El mantenimiento de las estructuras y equipos

El mantenimiento de las estructuras y equipos es bastante sencillo. Cree un calendario que lo ayude a identificar las reparaciones menores antes de que se conviertan en problemas mayores. Cualquier estructura de su propiedad con techo debe ser inspeccionada cada seis meses, incluyendo el techo de su gallinero o corral de cabras. Es mucho más fácil reemplazar una teja que reemplazar el techo entero de cualquier cosa. Además, cada tres o seis meses, debería caminar alrededor de cada estructura de su propiedad y evaluar los laterales y los cimientos en busca de posibles daños. Puede programar las reparaciones durante las estaciones en las que salen más baratas. Por ejemplo, muchos contratistas están dispuestos a hacer reparaciones menores de los cimientos o de las paredes de las estructuras exteriores en primavera u otoño a precios más baratos porque no hay condiciones de trabajo duras.

Cuando se trata de los equipos, lo ideal es trabajar con un período de tiempo más pequeño. Si tiene un tractor, se le debe hacer mantenimiento cada tres meses y, en el mismo servicio de mantenimiento que haya programado, evaluar si necesita reparaciones. Si tiene un equipo especializado adicional, como un generador eólico o paneles solares, entonces necesitará averiguar cuáles son las demandas específicas para el mantenimiento de ese equipo. Por ejemplo, el mantenimiento de los paneles solares varía según la marca y es posible que necesite limpiarlos diariamente o utilizar un tratamiento químico una vez al mes para mantenerlos limpios.

Mantenimiento para el ganado

Aunque uno puede sentirse mal cuando mata a una planta, el ganado es un poco más preocupante. Usted debe asegurarse de darle un entorno de vida limpio a su ganado, pero también quiere que ese ambiente sea fácil de mantener. Puede crear un plan de bajo mantenimiento para el ganado, lo que debería dar lugar naturalmente a un entorno de vida más limpio y mejores condiciones de vida para sus animales. Esto es sumamente difícil con el ganado porque si uno se enferma, es común que el resto del rebaño o la manada se enferme también. Con una planificación y mantenimiento cuidadosos, se puede evitar la pérdida del rebaño entero o la pérdida de un animal debido a las malas condiciones.

Los pollos

Generalmente, los pollos son muy fáciles de cuidar. Aunque a algunos les gusta el contacto humano, a la mayoría no les molesta si usted no pasa mucho tiempo con ellos. Además, con un comedero y acceso al agua, no necesitan que usted haga mucho aparte de recoger sus huevos casi a diario, pero eso está más relacionado con la seguridad alimentaria. Entonces, ¿qué debería planear cuando se trata del mantenimiento de los pollos?

Para crear un gallinero de bajo mantenimiento, puede hacer que la limpieza sea mucho más fácil de manejar. Los pollos generan muchos residuos. Puede ser una molestia tener limpiar sus desechos una vez a la semana, cuando en esa semana, pueden pegarse y cementarse casi por completo al suelo del gallinero. En su lugar, use un piso de linóleo que pueda rociar con un dispositivo que tenga una boquilla pulverizadora eléctrica y luego agregue arena para pollos encima.

Existe una técnica llamada cama de pollo profunda, que se utiliza para crear abono bajo una capa alta de arena. Consiste en dejar que cualquier cosa que quede en el suelo se convierta en abono y luego poner arena encima, cosa se convierte en un trabajo de limpieza grande que se hace cada pocos meses. En realidad, todo depende de lo que usted prefiera para gestionar su tiempo. Queda de su parte decidir si sería mejor poner un suelo de linóleo y limpiar el gallinero una vez a la semana o hacerlo una vez cada pocos meses usando una cama de pollo para hacer abono.

Otro elemento relacionado con el mantenimiento de los pollos que debe considerarse es el estrés. Las gallinas son muy propensas a sufrir de estrés, y cuando esto sucede, dejan de poner huevos. Uno de los mayores factores que pueden llevar al estrés y a la pelecha es una mala alimentación. Los pollos son omnívoros y requieren muchas vitaminas y proteínas, por lo que alimentarlos solo con pienso no será suficiente. En su lugar, puede darles cáscaras de huevo trituradas, cáscaras de ostras y asegurarse de que tengan un corral donde puedan buscar insectos. Es mucho más fácil integrar estos elementos en su dieta regular que tratar las enfermedades o la pelecha por estrés cada vez que la malnutrición se convierta en un problema.

También se debe planear lo que sucederá cuando las gallinas dejen de poner huevos. Cuando las gallinas dejan de poner huevos debido a su edad, tendrá que elegir entre permitirles vivir sus días de retiro en el gallinero o en el patio o procesar su carne. Es importante mencionar que las gallinas viejas no producen muy buena carne y procesarla no suele resultar en una cantidad suficiente de carne que valga la pena usar.

Por último, usted tendrá que hacer un plan para las condiciones climáticas extremas, lo que incluye el clima caliente y frío. Debido a que los pollos tienen un gallinero, tendrán un área interior a la que ir, así que use esa área interior para construir medidas que los protejan de clima extremadamente frío. La preparación para emergencias puede incluir lámparas de calor que se conecten o enciendan solo cuando sea necesario. Cuando se trata de temperaturas calientes, tal vez quiera asegurarse no solo de que haya suficiente sombra natural, sino que también haya algún tipo de unidad de enfriamiento adicional. Lo que muchos hacen es congelar grandes recipientes o botellas con agua durante la noche y luego los colocan en la parte con sombra del gallinero o en el corral que esté debajo del gallinero durante la parte más calurosa del día.

Las cabras y las ovejas

Las cabras y las ovejas suelen preferir tener un corral, aunque no lo usen todo el tiempo. Poner un cortavientos con hornilla y un techo puede hacer que las estaciones de invierno y verano sean mucho más fáciles para estos animales. Asegúrese también de que siempre tengan acceso a agua potable, y si donde usted vive el agua se congela en las tuberías, es posible que necesite un pequeño calentador para su recipiente de agua. Asimismo, siempre deben tener acceso a la comida, pero para prepararse para casos de emergencia, necesitará el doble de lo que normalmente comen durante el invierno.

Tanto con las cabras como con las ovejas, deberá tener un cercado alrededor de un pastizal muy específico, el cual no debe tener a todo el ganado junto. Las cabras y las ovejas pueden vivir juntas de forma bastante pacífica. Sin embargo, ninguna de ellas debe mezclarse con el pastizal de su vaca. Asegúrese de que el pastizal tenga algunos puntos de sol y un área de sombra.

Hay una característica especial de las cabras que no se aplica a las ovejas: las cabras son destructivas. Si se les da la oportunidad, las cabras irán a un área del terreno o incluso a su casa (donde no deberían estar) y destruirán prácticamente todo lo que puedan. Lo que necesitará en una cerca hecha de alambre tejido o una cerca especial para caballos que tenga al menos 1,2 m de altura. Recuerde que las cabras son excelentes trepadoras y pueden saltar bastante alto, así que mantenga cualquier estructura dentro del pastizal bien lejos de la línea de la cerca. Poner y mantener esta cerca no es solo parte del mantenimiento, sino también prevención para evitar tener que hacer más mantenimiento del necesario en el futuro.

La buena noticia sobre las cualidades destructivas de las cabras es que rotan los potreros (la división de los pastizales) mejor de lo que la mayoría de los equipos profesionales pueden hacerlo. Debería planear, como parte de su calendario de mantenimiento, rotar el pastizal de las cabras cada vez que se roten los cultivos.

Las vacas

Inicialmente podría parecer que las vacas son animales de bajo mantenimiento, pero en realidad no es así. Las vacas, además de la comida y el agua, necesitan sal y minerales en forma de lamederos y un pastizal espacioso. También es importante que usted pase tiempo con las vacas para reducir posibles comportamientos agresivos. Las vacas no son intrínsecamente agresivas, pero son animales muy grandes, y si se asustan o se sienten amenazadas, pueden hacer mucho daño a su propiedad y causar graves lesiones también.

El ganado ciertamente necesita tener un refugio, pero no tiene por qué ser exagerado. Si usted tiene una pared protectora contra el viento y un techo, o una estructura de 3 lados, eso será suficiente para que se refugien durante el mal tiempo.

Además de lo anterior, las vacas necesitan que se les corte el pelo y se debe programar una visita con el veterinario cada seis meses. El veterinario puede ir a su propiedad, hacer cualquier recorte de pelo necesario y tratar cualquier infección que pueda haber surgido en sus pezuñas. Además, las vacas deben ser vacunadas regularmente contra la rabia y una amplia variedad de otras enfermedades contagiosas. Algunas de las vacunas varían según la región, por lo que es importante que hable con su veterinario sobre estas vacunas y hagan un programa de vacunación.

¿Cómo hacer que su granja autosuficiente sea de tan bajo mantenimiento como sea posible?

Lo mejor que se puede hacer con el mantenimiento es hacerlo lo más sistemático posible. Eso significa depender en gran medida de sistemas automatizados y un calendario. Por ejemplo, con su ganado, puede tener una cita fija con su veterinario cada seis meses. Tener esa cita recurrente le quita el estrés de tener que llamar y programar una cita cada vez que piense que su vaca o cabra podría tener un problema en las pezuñas.

Los huertos de bajo mantenimiento suelen ser los estacionales o de temporada. Un huerto de temporada permite poner mantillo fresco y darle vida al suelo entre estaciones; sin embargo, agota la vida útil de las plantas. También puede hacer que sus huertos sean de bajo mantenimiento al implementar un sistema de riego, lo que le ahorrará tener que regarlos a mano.

Por último, utilice todos los recursos que pueda para asegurarse de que la limpieza del entorno del ganado sea lo más fácil posible, como es el que caso de los pollos que podrían tener suelo de linóleo en lugar de madera. Para las vacas, puede tener la pila de abono cerca del pastizal para que sea fácil añadir el estiércol a la pila. También se puede invertir en equipos que faciliten la recogida y el transporte del estiércol.

Haga un calendario de mantenimiento de la granja autosuficiente

A lo largo de los años, y a medida que desarrolle su granja autosuficiente, el calendario de mantenimiento de la granja autosuficiente irá tomando forma. Por ahora, puede comenzar con un calendario básico que establezca lo que debe hacer de mes a mes. Luego, después de su primer año en el *homesteading*, puede revisar el calendario y ver qué ha funcionado bien y qué no. Cada granja es única, y su entorno y las condiciones climáticas cambiarán drásticamente el aspecto del calendario de mantenimiento. Sin embargo, un calendario inicial podría verse así:

- **Enero**
  o Hacer metas
  o Calcular los gastos del año anterior
  o Sembrar semillas de interior
  o Limpiar y desinfectar los comederos y bebederos de los pollos
  o Asegurarse de que todas las lámparas de calor funcionan
- **Febrero**
  o Diseñar un huerto de primavera
  o Colocar los grifos en los árboles para obtener la savia y hacer sirope o jarabe
  o Podar los vergeles
  o Sembrar semillas de interior para el jardín de primavera
  o Recoger la cosecha del jardín de invierno
  o Limpiar cualquier área de los pastizales
- **Marzo**
  o Sembrar semillas de interior para finales de la primavera (como pimientos o tomates)

o Cambiar la cama de los pollos y limpiar los ponederos

o Comprar cerdos de engorde, cabras u ovejas

o Revisar el mantenimiento de los techos y las estructuras

- **Abril**

o Poner camas de plantas perennes y preparar un abono pesado una semana antes de plantar

o Cultivar las primicias o vegetales tempranos

o Comenzar a hacer la pila de abono

o Cambiar las camas de pollos y limpiar los ponederos

o Limpiar y desinfectar los comederos y los bebederos de los pollos

o Instalar las pantallas que protegen contra el frío

- **Mayo**

o Planificar las plantas anuales

o Plantar vegetales de finales de la primavera

o Limpiar cualquier área de los pastizales

o Introducir nuevos pollos a la bandada

- **Junio**

o Empezar a cortar heno para el suministro de invierno

o Cambiar las camas de los pollos y limpiar los ponederos

o Cosechar y preservar las bayas

o Cosechar la producción de principios de la primavera y congelar los vegetales

o Sembrar para los cultivos de principios de otoño

- **Julio**

o Limpiar y desinfectar los comederos y bebederos de los pollos

o Hacer enlatados

o Congelar o encurtir la mitad de la cosecha

o Cortar el heno restante

o Hacer la siembra de los cultivos de finales de otoño

o Echar el mantillo del huerto

- **Agosto**

o Cambiar la cama de los pollos y limpiar los ponederos

o Sacrificar a los pollos parrilleros

o Congelar o enlatar la cosecha del vergel

o Recoger la cosecha del maíz y los cultivos de trigo

- **Septiembre**

o Hacer mantenimiento a los techos y las estructuras

o Limpiar y desinfectar los comederos y bebederos de los pollos

o Conservar los tomates

o Echar el mantillo al huerto

- **Octubre**

o Recolectar leña

o Enlatar puré de manzana

o Enlatar la mantequilla de calabaza

o Preparar el huerto perenne para el invierno

o Echar mantillo pesado a todos los huertos

o Cambiar la cama de los pollos y limpiar los ponederos

o Poner y comprobar el buen funcionamiento de todas las lámparas de calor

- **Noviembre**

o Congelar los productos horneados

o Sacrificar la segunda ronda de pollos parrilleros

o Echar mantillo a las camas de invierno

o Administrar el huerto de invierno

- **Diciembre**

o Actualizar el calendario de mantenimiento para el año siguiente

o Calcular un estimado de los impuestos

o Sacrificar a una vaca, cerdo, oveja o cabra

o Revisar las tuberías y bebederos para ver si están congeladas

El mantenimiento puede ser bastante fácil si se planea bien, pero en realidad no hay forma de saber lo que sucederá en el primer año. Usar un calendario estándar como este es un gran punto de partida, pues simplemente puede eliminar cualquier tarea que no se aplique a usted. Sin embargo, puede que tenga que hacer algunos ajustes sobre la marcha. También puede ser difícil comenzar el mantenimiento, ya que usted todavía estará desarrollando su granja autosuficiente y haciendo su plan de *homesteading*. Desafortunadamente, es difícil mantenerse al día con el mantenimiento. Por lo tanto, si el huerto es lo primero en la lista, entonces comience el mantenimiento del huerto el mes siguiente. Luego comience el mantenimiento del gallinero el mes siguiente a la mudanza de los pollos. Después comience el mantenimiento de su cosecha cuando llegue la primera. Eso puede ayudarlo a diseñar un calendario de mantenimiento a medida que va estableciendo su granja y puede facilitar el mantenimiento en el futuro.

Capítulo 11: Comparta su experiencia de aprendizaje

Una de las cosas únicas que vienen con el *homesteading* es la posibilidad de compartir su experiencia. Aunque usted está lejos de ser el único que se dedica al *homesteading*, los desafíos a los que se enfrente pueden no ser los mismos que otras personas ya han experimentado. Al compartir sus experiencias, puede ayudar a otros a prepararse mejor para los cambios de estación, los problemas con los cultivos y los animales y mucho más. Sin embargo, no se trata solo de retribuir a la comunidad del *homesteading,* sino que incluso puede crear otra vía de ingresos al compartir sus experiencias.

A través de los blogs y los eventos de la comunidad, usted puede convertirse en un profesor por su cuenta. Exploraremos cada forma en la que usted puede compartir sus experiencias, junto a los beneficios y posibles ingresos que podrían venir con cada opción. Si decide compartir su experiencia con el *homesteading* a través de un blog o de eventos dentro de su comunidad, deberá tener en cuenta el conjunto de habilidades que ya tiene y su capacidad para promocionarse a usted mismo y a la marca de su granja autosuficiente.

Videoblogs

Videobloguear, *vlogging* o *video logging* se trata de grabar sus experiencias y publicarlas en línea en formato de video. Generalmente, la gente que hace esto se llama "YouTuber" porque YouTube es la plataforma más popular en este momento. Sin embargo, la gente ya estaba creando video diarios y grabando ciertos aspectos de su vida mucho antes de que existiera YouTube.

Tranquilo, no se quede atascado preguntándose si usted puede ser un YouTuber. En lugar de eso, pregúntese si es capaz de documentar su vida a un ritmo casi imparable.

Para iniciar un *vlog* o videoblog, debería considerar algunos de sus elementos principales. Por ejemplo, debido a la popularidad de YouTube, es probable que tenga que crearse un canal de YouTube. Sin embargo, para llegar a otras audiencias, también podría considerar tener un sitio web. Además de un sitio web, puede llegar a seguidores, fans o personas que buscan contenido a través de plataformas de redes sociales como Instagram. Uno de los principales errores que cometen los principiantes del *vlogging* es que se encasillan en una sola plataforma. Luego, cuando otra plataforma despega y se vuelve popular, no pueden adaptarse a tiempo para mantenerse al día con todos los cambios.

Elementos esenciales de un videoblog

- Grabar videos de alta calidad de estilo documental
- Tener la capacidad de presentarse bien delante de la cámara
- Tener habilidades básicas de edición de video
- Tener un equipo de grabación
- Disponer de tiempo para dedicar a la publicación y mantenimiento del canal

Ahora, no es necesario comenzar con todas estas cosas. De hecho, mucha gente empieza grabando videos en sus teléfonos o aprendiendo a editarlos sobre la marcha. No hay necesidad de apresurarse y gastar miles de dólares en equipos de grabación de video si aún no está seguro de que funcionará para usted. En principio, si es algo que no le apasiona, no se preocupe. El *vlogging* puede alejar a algunas personas de sus pasiones, como la agricultura. Es común que los "YouTubers" experimenten desgaste y agotamiento después de unos años y luego abandonen completamente las cosas que querían compartir en su canal.

Si usted está dispuesto a trabajar, el *vlogging* ofrece muchas oportunidades en términos monetarios. Usted probablemente no se convierta en una celebridad de la noche a la mañana que recibe regularmente decenas de miles de dólares en ingresos por publicidad de YouTube. Sin embargo, podría ser capaz de crear un buen ingreso suplementario. Es importante señalar que el *vlogging* no suele convertirse un ingreso constante. Aunque los principales YouTubers ganan más de 10 millones de dólares anualmente, usted no debería esperar llegar a esos números. De hecho, Learning Hub hizo un estudio y promedió las visitas por cada video monetizado e informaron que se necesitaría cerca de 1.000 visitas en cualquier video para ganar menos de diez dólares. Técnicamente, los anunciantes que trabajan a través del sistema de monetización de YouTube pagan 0,18 dólares por vista o 18 dólares por 1.000 vistas, pero Google, el agregado de anuncios de la plataforma se queda con el 45% de esos ingresos como una especie de tarifa por ser el buscador, lo que deja a los videoblogueros con solo 9,90 dólares por 1.000 vistas. No obstante, existen otros elementos a considerar, y la publicidad a través del sistema de monetización de YouTube no es la única manera de hacer dinero como videobloguero. Algunos de los principales influenciadores o personalidades de YouTube no utilizan el sistema de monetización de YouTube porque no quieren que sus videos se interrumpan con anuncios cuando sus espectadores los ven. En su lugar, pueden alinear su marca personal con un patrocinador o trabajar con otras marcas locales para anunciarse de forma no invasiva. Mucha gente que se dedica al *homesteading*, hace artesanías o graba videos sobre su estilo de vida optará por hacer esto, ya que les permite dar información y aportes valiosos sobre marcas y productos dentro de la industria.

Pero, ¿qué pasa si usted no quiere anuncios ni patrocinadores? Bueno, de todas formas puede usar el *vlogging* como una plataforma para compartir sus experiencias sin que genere ingresos. O, puede crear su propia mercancía para promover su marca. Otra opción es crearse una cuenta en un sistema como Patreon, donde puede pedir a los suscriptores que paguen una cuota de membresía para acceder a contenido adicional o *premium* además de lo que usted ya ha publicado. A menudo, los videoblogueros que hacen esto crean videos divertidos y entretenidos de forma gratuita, y luego usan Patreon o alguna plataforma similar para ofrecer tutoriales, videos de instrucciones y más. Al hacer esto, usted necesitará tener un poco más de tecnología para una ejecutarlo todo adecuadamente. Es posible que necesite una lista de correo y un sitio web para asegurarse de que sus suscriptores *premium* reciban todo el contenido adicional que usted les prometió.

Entonces, ¿vale la pena? Para muchas personas, el *vlogging* es relajante y catártico. Es una salida creativa para compartir este cambio monumental en sus vidas. La mayoría de la gente no creció en la granja, y podemos decir con toda seguridad que incluso aquellos más experimentados pueden enfrentarse a situaciones inesperadas, y tales cosas surgen de la nada cuando construyen su granja autosuficiente. Si usted inicia un canal de videoblogs mientras construye su granja autosfuciente, o incluso durante el proceso de planificación, estará registrando o grabando su experiencia no solo para los demás, sino también para usted mismo. Esta es una forma única de compartir sus experiencias y de involucrarse en una comunidad que tal vez ni siquiera sabía que existía.

Blogs

Bloguear es exactamente como hacer *vlogging*, pero en lugar de usar un formato de video, se ofrece contenido escrito. Si a usted le gusta escribir o llevar un diario, entonces bloguear es una excelente manera de documentar y compartir su experiencia con el *homesteading*. Por lo general, a través de los blogs, usted publicará en una plataforma y se leerá como una mezcla entre un artículo y una entrada de su diario. En realidad, no se verá como una noticia o un artículo que podría leer en las plataformas de redes sociales, pues debería tener una estructura más conversacional. Muchas personas escriben sus blogs como si estuvieran hablando con un amigo cercano. Eso permite que el lenguaje sea un poco más flexible y se aleje de las estructuras rígidas que uno podría esperar ver en la mayoría de los libros de texto o guías.

Es importante señalar que no es necesario ser un escritor estrella para tener un blog. De hecho, aunque tener un dominio general de la gramática siempre es bueno, muchos blogs rompen las reglas estándar de la escritura. Debido a que la intención es escribir con un tono conversacional, el blog es mucho más indulgente con los fundamentos de la escritura; es algo que no se puede comparar con otras actividades como comenzar una novela o escribir un artículo de noticias semanal. Si lo primero que usted pensó fue: "no puedo escribir, así que no puedo tener un blog", entonces dese un poco de crédito e inténtelo de todas formas.

Algunos de los blogs sobre *homesteading* que se destacan son "The Self-Sufficient Homeacre" y "The Homestead Survival". Usan dos enfoques muy diferentes para escribir un blog en tono y estilo. Las áreas que cubren del *homesteading* también son diferentes.

Si vemos "The Self-Sufficient Homeacre", muchos de los artículos tienen que ver con el cultivo de plantas, la cría de pollos, la preservación de la cosecha y cocinar. Tiene el aspecto que se esperaría de algo relacionado con el *homesteading*. Si tomamos el artículo titulado "¿Cómo cultivar alimentos en espacios pequeños?", veremos que ofrecen una avalancha de opciones para cultivar plantas cuando no hay espacio suficiente. El tono es bastante directo, pero aun así amistoso y, visualmente, el sitio web es bastante limpio, pero contiene algunos anuncios publicados y anuncios de afiliados.

En cambio, "The Homestead Survival" tiene demasiados anuncios y la página web o el blog se ve bastante desordenado. Sin embargo, todo está organizado y tiene un lugar y generalmente es fácil de navegar. Lo que han hecho es crear opciones más pequeñas para acceder a secciones del sitio web que abordan diferentes necesidades. No se trata de desplazarse a través de interminables artículos que saltan de un tema a otro. Este blog ofrece consejos para el hogar, proyectos de bricolaje, remedios caseros, consejos para el almacenamiento de alimentos y conservas e incluso enseña habilidades con el cuchillo para aquellos que crían animales para la producción de carne. "The Homestead Survival" contrasta drásticamente con el otro blog y tiene un tono mucho más personal. Son transparentes en cuanto a sus números en términos de lo que gastan y lo que ganan, y explican si hacer algo uno mismo sale más barato que comprarlo prefabricado.

Nuestra intención con esta comparación es demostrar que el contenido en sí mismo puede variar drásticamente. Ambos blogs se tratan sobre *homesteading* y ambos generan ingresos para los dueños de sus sitios web. Sin embargo, es importante saber exactamente qué es lo que quiere entregar a través de un blog sobre *homesteading*. Se dedica mucho tiempo y dedicación a la creación y luego al mantenimiento de un blog, por lo que si usted no tiene confianza para manejar las tareas diarias que puedan o no generar ingresos, es posible que bloguear no sea adecuado para usted.

Para comenzar un blog, usted necesitará:

- Un sitio web o una plataforma como Tumblr
- ¡Mucho contenido! Es mejor empezar un blog con al menos 50 artículos listos para publicar.
- Tiempo para seguir escribiendo artículos; ¡la publicación consistente es clave!
- El nombre del dominio y el alojamiento web (que con rapidez puede resultar caro)
- Una presencia sólida en las redes sociales

A diferencia de lo que sucede cuando se usa una plataforma de video como YouTube, usted no tiene acceso a una base gigante de personas. Necesitará atraer tráfico a su sitio. Para generar tráfico a su sitio con la esperanza de que alguien haga clic en un anuncio o compre un producto de los anuncios afiliados, necesitará tener una presencia realmente sólida y amplia en las redes sociales. Es posible que usted termine combinando ambas actividades, es decir blogueando y videoblogueando, para generar los ingresos necesarios que esperaba al compartir sus experiencias.

Sin embargo, mucha gente elige hacer un blog sin anuncios o sin esperar algún ingreso de esta salida creativa. Si usted está buscando una manera de llegar a la comunidad del *homesteading*, un blog es una buena opción. No todo lo que haga en casa necesita generar un ingreso. Sin embargo, hay maneras de proporcionar una experiencia de usuario sin anuncios o de utilizar una plataforma gratuita que no se puede monetizar y aun así beneficiarse de su blog. Volviendo a Patreon, usted puede vender contenido de excelente calidad, productos e incluso lecciones individuales y, al mismo tiempo, tener un blog gratuito que sirva como una salida creativa.

Organizar eventos comunitarios e involucrarse

Organizar un evento comunitario es un asunto muy serio. Afortunadamente, muchas de las habilidades sociales que usted ha desarrollado al construir una granja autosuficiente le serán útiles aquí. Todo el trabajo que ha puesto en la planificación de la granja le resultará muy familiar cuando planifique su evento comunitario. Puede solicitar permiso a la ciudad para organizar un evento en su vecindario o para organizar un evento privado con capacidad limitada. Cada opción tiene diferentes requisitos en cuanto a permisos y planificación, por lo que es importante decidir, incluso antes de comenzar, qué tan grande debe ser el evento. Siempre es mejor empezar con algo pequeño e ir apostando por más paulatinamente. No es necesario organizar un evento para toda la ciudad si usted aún no sabe el grado de interés que hay dentro de la comunidad.

Eventos privados con una capacidad establecida

En teoría, usted podría organizar un evento privado en su casa y así no tendría que pedir ningún permiso al gobierno local. Sería más o menos lo mismo que hacer una barbacoa durante el fin de semana. Sin embargo, si usted venderá productos, ofrecerá comida u ocupará una cantidad sustancial del espacio de estacionamiento en la calle, es mejor notificar a la ciudad de sus planes antes que enfrentarse a una posible multa más tarde.

Cuando se planea un evento privado, se debe establecer un límite de la cantidad de gente que puede asistir. Siempre se puede empezar con una lista de personas a la que le gustaría invitar y preguntarles si hay alguien a quien les gustaría llevar, o dejarlo como una opción abierta en la lista de invitaciones dándole la oportunidad de llevar un invitado más a cada persona. Organizar eventos privados como este es una buena manera de saber cuánta gente está interesada en el *homesteading*. Sus hermanos o amigos cercanos podrían asistir con la única intención de apoyarlo a usted, pero aun así podría ser una experiencia divertida e informativa para ellos y para las personas que lleven.

Si usted organiza un evento privado, lo mejor sería enfocarse en alguno de los elementos principales del *homesteading*. Intentar cubrir todo lo relacionado con el *homesteading* en solo una o dos horas sería abrumador para usted y lo asistentes. Sin embargo, si realiza un evento privado sobre, por ejemplo, el cultivo de hierbas, puede controlar mejor la conversación y mantener a la gente ocupada en lugar de saltar del cultivo de hierbas a la cría de pollos.

Tenga en cuenta que cuando se organiza un evento privado, lo mejor siempre es cumplir con todo lo que un anfitrión debe hacer. Eso significa asegurarse de que hay suficiente espacio estacionamiento disponible y tener comida o algún tipo de bocadillos y bebidas. Haga que sus invitados se sientan cómodos para que resulte una gran experiencia para todos los involucrados.

Eventos para el vecindario

Los eventos para el vecindario pueden ser muy divertidos y podrían convertirse en un evento que se organice mensual o anualmente. Si en su vecindario no se hacen fiestas en la cuadra o vecinales, entonces puede que no sepa por dónde empezar. En primer lugar, recorra el vecindario y averigüe cuánta gente está interesada. En este momento, puede que sus vecinos ya sepan que el limonero de su granja autosuficiente es el mejor lugar para conseguir limones en la ciudad. Entonces, ¿por qué se perderían la oportunidad de intercambiar ideas sobre las plantas que son cultivadas en casa y las diferencias entre lo que usted produce en su hogar y lo que se encuentra en el supermercado?

Cuando se organiza un evento para el vecindario, se debe esperar la asistencia de mucha más gente de la que se podría tener en un evento privado. Esto le da un poco más de libertad para abordar diferentes elementos relacionados con el *homesteading* y cubrir una gama más amplia de temas que solo esa única cosa de la que la gente quería hablar. Cuando planifique un evento para el vecindario, usted debe tener la colaboración de otros vecinos, así como de la ciudad, para asegurarse de tener permisos para todo y de que haya suficientes actividades y puestos de información para que todos se entretengan.

Uno de los elementos más importantes que se deben dejar claros cuando se planifica un evento para el vecindario es informar que usted está disponible para ayudar a la gente que quiere empezar. Compartir sus experiencias es el primer paso para ayudar a otras personas a entender y tal vez comenzar a incursionar en el mundo del *homesteading*. Básicamente, cuando usted comparte su experiencia en una situación cara a cara, debe estar abierto a involucrarse mucho más.

Voluntariado a través de los canales comunitarios

Recurrir a los canales comunitarios como los clubes de la organización 4-H o de los *Future Farmers of America* es una gran manera de involucrarse con la comunidad. Estos y otros grupos similares conectan a los adultos que tienen un cierto conjunto de habilidades con adolescentes y niños que tienen como objetivo desarrollar esas mismas habilidades. Como agricultor autosuficiente, su capacidad para compartir sus experiencias puede ayudar a otros a desarrollar un conjunto de habilidades para construir la autosuficiencia dentro de su estilo de vida. Ser un participante activo en estas comunidades le permite compartir sus experiencias, pero también le permite comprometerse a un nivel más profundo.

No solo le estaría enseñando a los niños cómo se incuban los polluelos, sino que les enseña el ciclo de vida natural y la importancia de lo que los pollos hacen por nuestro mundo. Para muchos, es una forma edificante de compartir sus experiencias, porque van más allá de lo que sucede en su mini granja y se expanden para mostrarle a la gente cómo pueden tener una experiencia similar y construir algo para ellos también.

Involucrarse con las organizaciones comunitarias es bastante fácil. Contacte con las sucursales locales de los clubes bien establecidos que mencionamos anteriormente o con la ciudad y el distrito escolar. Incluso si su ciudad no tiene un club 4-H local, es probable que algunas de las escuelas secundarias de su área tengan clases de agricultura. Debido a la forma en que el sistema escolar ha cambiado, muchas personas en esas clases no tienen acceso a un huerto real, por lo que todo el aprendizaje es teórico. Pero al ofrecerles sus experiencias y posiblemente su granja autosuficiente por un corto período de tiempo, usted puede conectarse con adolescentes o adultos jóvenes que buscan maneras de desarrollar sus habilidades.

Comparta a través de la narrativa

Ahora que ya tiene una idea de los diferentes métodos para compartir su experiencia, podría preguntarse qué viene después. ¿Qué historias tiene que contar? ¿Es el trabajo en una granja autosuficiente demasiado aburrido para compartirlo con los demás? ¿Es demasiado parecido a lo que todos los demás ya están haciendo?

Una de las razones por las que hablamos de los dos blogs más populares del mundo del *homesteading* fue para mostrar sus diferencias. Abra dos videoblogs sobre *homesteading* en YouTube y obtendrá dos explicaciones y puntos de vista drásticamente diferentes porque las experiencias de cada persona son únicas. Usted podría haber sufrido la misma ola de frío que un compañero que también se dedica al *homesteading*, pero no hay manera de que usted y esa persona lo hayan experimentado de la misma manera, hayan respondido de la misma manera o se hayan enfrentado a las mismas dificultades con sus plantas y animales.

Una de las mejores maneras de empezar a compartir sus experiencias, sin importar la plataforma, es usar la narrativa. Narrar historias es algo que hacemos de forma natural y es una gran manera no solo de enseñar, sino de identificarse con la gente con la que está compartiendo una experiencia. Por ejemplo, puede hacer una lista y decir que en caso de una helada fuerte, se puede hacer X, Y y Z para mantener los cultivos. Sin embargo, eso no comunica su experiencia. En cambio, si narra una historia, puede decir algo como esto:

"El invierno llegó, pero no me preocupé demasiado porque estaba el desierto. Mis experiencias con el *homesteading* serían más duras en el verano, cuando tenía que preocuparme por mantener todo vivo en medio del inclemente calor. Pero cuando llegó el invierno, me di cuenta de que el desierto puede ser sumamente frío. No había preparado leña o baterías adicionales y no había planeado en absoluto cosas como colocar lámparas calefactoras. Después de la primera noche, mis pollos estaban estresados después de haber pasado toda la noche sin agua y mi pobre huerto de hierbas se había congelado. Salí al día siguiente, conseguí un pequeño calentador de agua para el agua de mis pollos e instalé un cable de calefacción eléctrica a través de la parte de mi huerto que logró sobrevivir a esa cruel primera noche".

En pocas palabras, publicar una lista o un tutorial no ayuda realmente a la comunidad ni lo ayuda a explorar sus experiencias desde un punto de vista reflexivo de la manera como lo hace narrar una historia.

Cuando comparta sus experiencias, tenga en cuenta que la gente está escuchando, está interesada y usted tiene algo importante que compartir. Sus experiencias pueden ayudar a otros a construir mejores granjas autosuficientes o incluso animarlos a intentar vivir una vida más autosuficiente por su cuenta. Es algo que toda persona que se dedica al *homesteading* debería considerar hacer debido a lo mucho que compartir su experiencia puede contribuir a la comunidad. También puede ofrecer poco de alivio de su parte, pues tendrá la oportunidad de mirar atrás y ver que lo que se sentía como una lucha monumental en ese momento, ahora en retrospectiva parece simple. Usted se dará cuenta de que era algo importante que necesitaba aprender y que cambió drásticamente su sistema de *homesteading*. Compartir la mayoría de sus experiencias puede ayudar a otros a prepararse mejor y a entender las soluciones únicas se le ocurrieron a usted para enfrentarse a los diversos desafíos del *homesteading*.

Capítulo 12: Expanda su granja autosuficiente

Pocas personas que se dedican al *homesteading* se sienten satisfechas si solo hacen el mantenimiento básico y cuidan de sus tierras. La mayoría tiene ese impulso que los lleva a continuar desarrollando y cultivando nuevas habilidades. No se sorprenda si, después de uno o dos años, cuando ya todo le parece fácil, usted busca añadir algo más a su granja autosuficiente.

Afortunadamente, hay una gran variedad de especialidades del *homesteading* que usted puede añadir a su tierra. Algunas de estas especialidades no necesariamente encajan en el modelo moderno de granja autosuficiente de patio trasero, pero si tiene espacio extra, no hay razón para que no pueda explorar todas las actividades más avanzadas del *homesteading*.

Introduzca ganado, cabras, ovejas, cerdos y perros de trabajo

Criar ganado es difícil y hay que considerar cuidadosamente cómo y cuándo los incluirá. Generalmente, las cabras y las ovejas necesitan poco espacio. Las cabras por sí solas no necesitan un lugar muy grande, pero pueden ser destructivas cuando no tienen suficiente espacio para moverse.

Asegúrese de que tiene la estructura necesaria y los pastizales listos antes de comprar más ganado. Cuando se expanda y añada más ganado, existen algunas opciones para determinar cómo contribuirán a su granja. El ganado, las cabras, las ovejas, los cerdos e incluso los conejos pueden contribuir al suministro de carne de la granja. Además, el ganado vacuno y caprino es excelente para la producción de leche. Si quiere criar ganado, también puede explorar opciones para compartir el rebaño y ofrecer los servicios de sementales (con motivos reproductivos) para que también genere ingresos.

Si usted añadirá ganado a su granja autosuficiente, debería considerar seriamente incluir un perro de trabajo también. Aunque siempre es bueno tener un perro en la casa, la prioridad de un perro de trabajo no será la amistad. Los perros de trabajo bien criados tendrán una necesidad constante de estar cerca de la manada y sirven como una forma de protección y alivio del estrés. El ganado, las cabras y las ovejas pueden beneficiarse de un perro de trabajo. Un perro de trabajo puede ayudar a la manada a concentrarse y orientarse. Puede hacerles compañía, puede darles una sensación de seguridad y puede alertarlos si algo va mal a cualquier hora del día o de la noche.

Algunas de las mejores razas de perros de trabajo incluyen el perro de montaña bernés, el gran danés, los pastores alemanes, los pastores australianos y los sabuesos. Estas razas son todas atléticas y deberían, con un entrenamiento adecuado, llevarse bien con casi todos los demás animales. Además, la mayoría de estas razas no tienen problemas para atacar a plagas más grandes como mapaches o zarigüeyas que puedan molestar a su manada.

La apicultura

Como granjero autosuficiente, agregar abejas a su propiedad puede asegurar que siempre tenga un edulcorante natural en casa. Además, las abejas pueden ayudar a polinizar sus huertos, lo que significa un mejor rendimiento de la cosecha. Realmente no hay ninguna desventaja relacionada con la apicultura, excepto tal vez alguna picadura ocasional. Para empezar, debería contactar con las organizaciones apícolas locales y aprender cómo usan su colmena las abejas. Usted deberá tener lista la colmena y todos los materiales necesarios disponibles antes de que lleguen las abejas a su propiedad. Siempre es mejor empezar la colmena en primavera para que las abejas puedan ponerse a trabajar inmediatamente.

Sin embargo, también tendrá que aprender a cosechar la miel, mantener la colmena limpia y almacenar la miel adecuadamente. La apicultura puede abrirle muchas puertas en cuanto a la creación de productos con cera de abeja y el uso de la miel recolectada en casa en su cocina. Las abejas no necesitan mucho espacio, y no se necesita una colmena grande, por lo que se puede comenzar a dedicarse a la apicultura con solo una pequeña cantidad de espacio.

La acuaponía

La acuaponía es una combinación entre la acuicultura y la horticultura. Los peces producen residuos que alimentan a los microbios, luego esos microbios alimentan a las plantas con nutrientes y después el agua es filtrada por las plantas y regresa a los peces. Es un sistema complejo y requiere una planificación bastante cuidadosa. Además, se deberá hacer mantenimiento al agua constantemente para asegurar que los peces están saludables y que plantas son seguras. Pero la recompensa es que podrá tener más vegetales ricos en nutrientes y tendrá pescado disponible en su patio trasero.

Para empezar con la acuaponía, podría considerar tener un estanque de peces. Luego, se puede comenzar la introducción de la acuaponía con pasos controlados. Los peces de un estanque necesitan algunos cuidados, pero generalmente son autosuficientes. Es posible que necesite una bomba para mantener el estanque limpio y puede que tenga que alimentar a los peces con regularidad.

La hidroponía

¿Y si ese garaje o cobertizo que usted no usa pudiera convertirse en más espacio de huerto? La hidroponía es la forma de cultivar plantas sin tierra. Con la hidroponía, las plantas generalmente crecerán más rápido y ofrecerán mayores rendimientos. Además, se puede ahorrar mucho espacio porque en lugar de depender de un suelo denso en nutrientes, le da a las plantas agua oxigenada rica en nutrientes.

Aunque la hidroponía requiere mucha investigación para entenderla y aplicarla, el enfoque básico es mantener las raíces de las plantas húmedas con soluciones de agua que tengan alta densidad de nutrientes. También se debe proporcionar el tipo de iluminación adecuado a las plantas que se estén cultivando. La mayoría de las plantas que tendría en un huerto requieren luz solar directa o parcial indirecta. Por lo tanto, además de tener el sistema hidropónico instalado, si su huerto hidropónico está en el interior, también necesitarás un sistema de iluminación a escala real.

Los jardines verticales

¿Se ha quedado sin espacio y no se le ocurren buenas ideas para plantar más vegetales? Es posible cultivar jardines verticales donde las plantas se colocan en una maceta que cuelga a un lado de la pared. Puedes montar jardines verticales a un lado de su casa, cobertizo o incluso en el gallinero. Algunas personas se preocupan por el daño que el agua podría causar si colocan las macetas a un lado de la casa o en el cobertizo, pero eso siempre se puede evitar con un poco de planificación.

Los jardines verticales se están volviendo muy populares por lo simple que es su fabricación. Solo asegúrese de tener suficiente tiempo para cuidarlos.

Expanda su granja autosuficiente

Es increíble lo mucho que construir una granja autosuficiente puede aumentar la confianza que usted tiene en su capacidad de desarrollar nuevas habilidades y probar cosas nuevas. Puede probar una amplia variedad de formas para expandir su granja, como cultivar un huerto de hierbas o explorar diferentes métodos de cultivo de plantas. La expansión de una granja autosuficiente no siempre requiere más espacio. Recuerde siempre ser creativo y usar los recursos que tenga disponible. Aquellos que se dedican al *homesteading* suelen ser expertos en encontrar nuevas soluciones creativas para lograr sus objetivos. ¡Establezca nuevas metas y planifique el desarrollo de nuevas habilidades para celebrar el aniversario de su granja autosuficiente!

Conclusión

El *homesteading* es una experiencia gratificante. Usted aprenderá a planificar durante todo el año, acomodándose a las diferentes estaciones y viviendo de la tierra. También se enfrentará a desafíos que pueden exigirle mejorar sus habilidades y destrezas. El *homesteading* se trata de ser autosostenible mientras se cultiva la tierra que hay disponible. Es la oportunidad de aprender a vivir de forma sencilla mientras desarrolla sus habilidades y su personalidad de una forma que probablemente nunca pareció posible en nuestra era tecnológica.

Utilice los métodos de planificación, preparación, cultivo y crianza de este libro para ayudar a trazar el mapa de sus primeros años como agricultor autosuficiente. Luego, empújese más. Comparta sus experiencias y ayude a otros a desarrollar habilidades que les ayuden a ser más autosuficientes. El *homesteading* es un estilo de vida que trae alegría y alivio a su vida mientras llena sus días con tareas y pasatiempos que a diario dan frutos en forma de excelentes recompensas físicas y emocionales.

Vea más libros escritos por Dion Rosser

Recursos

https://ag.purdue.edu/GMOs/Pages/GMOsandHealth.aspx

https://greatergood.berkeley.edu/article/item/how_modern_life_became_disconnected_from_nature

https://www.fsrmagazine.com/chain-restaurants/whats-americas-most-frequented-restaurant-chain

https://www.downsizinggovernment.org/agriculture/timeline

https://www.ncbi.nlm.nih.gov/books/NBK305168

https://scholarlykitchen.sspnet.org/2020/03/27/a-history-of-panic-buying/

https://www.cnn.com/2003/HEALTH/12/23/madcow.chronology.reut/

https://www.treehugger.com/top-tips-for-the-beginning-homesteader-3016686

http://www.quotehd.com/quotes/words/self%20sufficient

https://www.self-sufficient-farm-living.com/

https://morningchores.com/starting-a-homestead/

https://www.agdaily.com/lifestyle/10-iconic-farming-quotes-history/

https://marketingartfully.com/5-goal-setting-systems/

https://www.workzone.com/blog/project-planning-quotes/

https://www.almanac.com/content/how-build-raised-garden-bed

https://www.thespruce.com/building-a-chicken-coop-3016589

https://www.motherearthnews.com/homesteading-and-livestock/raising-sheep-goats/raising-goats-backyard-farm-ze0z1204zsie

https://completelandscaping.com/much-space-need-fruit-trees/

https://www.blueberrycouncil.org/growing-blueberries/planting-blueberries/

https://www.countryfarm-lifestyles.com/Mini-Farms.html#.XuIkMi2z0Us

https://morningchores.com/assessing-and-planning-homestead/

https://www.primalsurvivor.net/1-acre-tiny-homestead-layouts/

http://www.thebeefsite.com/articles/2415/grazing-small-ruminants-with-cattle/

https://www.diynetwork.com/how-to/outdoors/gardening/manure-compost-

https://en.wikipedia.org/wiki/Cultivar

https://www.thespruce.com/cultivars-vs-varieties-how-do-they-differ-2132281

https://snaped.fns.usda.gov/seasonal-produce-guide

https://gilmour.com/cold-weather-crops

https://www.onegreenplanet.org/lifestyle/perennial-plants/

https://homeguides.sfgate.com/vegetables-grow-yearround-66602.html

https://nellinos.com/the-history-of-the-tomato-in-italy.html

https://www.tropicalpermaculture.com/tropical-vegetables.html

https://www.learningwithexperts.com/gardening/blog/10-flowers-to-grow-with-vegetables

https://www.westernexterminator.com/wasps/what-do-wasps-eat/

https://www.rspb.org.uk/birds-and-wildlife/wildlife-guides/other-garden-wildlife/insects-and-other-invertebrates/flies/hoverfly/

https://www.ufseeds.com/learning/garden-planting-guide/

https://books.google.com/books?id=r5hiDgAAQBAJ&pg=PA11&lpg=PA11&dq=Know+Your+Seed+Varieties+GMO+hybrid+heirloom+cell-fusion&source=bl&ots=nS5wcLmYd0&sig=ACfU3U1TSKgf23MSNmSLSRQaG9DcK3Q42w&hl=en&sa=X&ved=2ahUKEwjN8da2kITqAhXCsZ4KHTa_DPAQ6AEwCXoECAoQAQ#v=onepage&q=Kno

w%20Your%20Seed%20Varieties%20GMO%20hybrid%20heirloom
%20cell-fusion&f=false
https://www.offthegridnews.com/how-to-2/best-homesteading-
chickens/
https://www.thehappychickencoop.com/brahma-chicken/
https://morningchores.com/chicken-coop-plans/
https://www.construct101.com/chicken-coop-plans-design-2/
https://www.diyncrafts.com/34313/woodworking/20-free-diy-chicken-
coop-plans-can-build-weekend
https://homesteading.com/how-to-build-a-chicken-coop/
https://104homestead.com/simple-living-kitchen-gadgets/
https://www.homestead.org/food/equip-your-homestead-kitchen-and-
then-make-some-tasty-yogurt/
https://cheesemaking.com/collections/equipment
https://melissaknorris.com/how-to-organize-build-your-homestead-
food-storage-kitchen/
https://apartmentprepper.com/how-to-preserve-meat-without-a-fridge-
2/
https://www.healthline.com/nutrition/fermentation
http://fermentacap.com/how-long-do-fermented-foods-keep/
https://www.culturesforhealth.com/learn/water-kefir/water-kefir-
frequently-asked-questions-faq/
https://www.liveeatlearn.com/homemade-milk-kefir/
https://traditionalcookingschool.com/food-preparation/how-long-does-
kefir-last-aw060/
https://www.jerkyholic.com/how-long-does-beef-jerky-stay-good/
https://www.dummies.com/food-drink/canning/food-preservation-
methods-canning-freezing-and-drying/
http://www.eatingwell.com/article/114109/how-to-pickle-anything-no-
canning-necessary/
https://commonsensehome.com/home-food-preservation/#4_Freezing
https://commonsensehome.com/root-cellars-101/
https://www.rootwell.com/blogs/root-cellar

https://www.scientificamerican.com/article/experts-organic-milk-lasts-longer/

https://www.mediavillage.com/article/static-branding-vs-organic-branding-uwe-hook-mediabizbloggers/

https://definitions.uslegal.com/f/farmers-market/

http://www.flaginc.org/wp-content/uploads/2013/03/FarmersMarket.pdf

https://www.etsy.com/legal/policy/food-and-edible-items/239327355460

https://www.etsy.com/seller-handbook/article/recipe-for-success-7-tips-for-selling/22506251230

https://www.nolo.com/legal-encyclopedia/starting-home-based-food-business-california.html

https://www.theselc.org/cottage_food_law_summary

https://wwoof.net/

https://wwoofusa.org/how-it-works/be-host

https://4-h.org/

https://www.ffa.org/

https://nifa.usda.gov/cooperative-extension-system

https://www.underatinroof.com/blog/2017/11/15/zmys9ruhc5wis7p5nt zo6idt75zr2i

https://www.grants.gov/

https://www.usda.gov/topics/farming/grants-and-loans

https://www.nal.usda.gov/afsic

https://www.beginningfarmers.org/

https://kidsgardening.org/gardening-basics-garden-maintenance-weeding-mulching-and-fertilizing/

https://homesteading.com/best-homesteading-tools/

https://morningchores.com/low-maintenance-homestead/

https://www.communitychickens.com/hens-stop-laying-zbw2002ztil/

https://www.farmsanctuary.org/wp-content/uploads/2012/06/Animal-Care-Goats.pdf

https://www.farmsanctuary.org/wp-content/uploads/2012/06/Animal-Care-Cattle.pdf

https://www.businessofapps.com/data/youtube-statistics/
https://learn.g2.com/how-much-do-youtubers-make
https://support.patreon.com/hc/en-us/articles/204606315-What-is-Patreon-
https://www.theselfsufficienthomeacre.com/2020/04/how-to-grow-food-in-small-spaces.html
https://www.motherearthnews.com/homesteading-and-livestock/homestead-working-dog-zmaz00aszgoe
https://homesteadsurvivalsite.com/best-dog-breeds-homesteaders/
https://www.thespruce.com/beginners-guide-to-beekeeping-3016857
https://www.motherearthnews.com/organic-gardening/aquaponic-gardening-growing-fish-vegetables-together
https://www.countryliving.com/gardening/garden-ideas/how-to/g1274/how-to-plant-a-vertical-garden/